固井工具附件手册

CEMENTING TOOL ACCESSORY MANUAL

■ 孙　凯　周战云　赵建胜◎主编

中国石化出版社
·北　京·

内容提要

固井工具作为固井工程的核心设备，其性能和适用范围直接影响着固井质量和整个石油工业的发展。本书从常规套管附件、特殊套管附件、固井井口工具以及固井井下工具等四个方面对固井工具进行详细的介绍，包括固井工具的基本概念、分类、结构、工作原理、使用和维护等方面。

本书理论与实践相结合，既注重基础知识的讲解，又关注实际应用的需求，适用于石油工程师、钻井技术人员以及相关领域的专业人士。

图书在版编目（CIP）数据

固井工具附件手册 / 孙凯，周战云，赵建胜主编 .
北京：中国石化出版社，2024.12. -- ISBN 978-7
-5114-7506-0

Ⅰ. TE256-62

中国国家版本馆 CIP 数据核字第 2024HS8975 号

中国石化出版社出版发行

地址：北京市东城区安定门外大街 58 号
邮编：100011　电话：(010) 57512500
发行部电话：(010) 57512575
http：//www.sinopec-press.com
E-mail：press@sinopec.com
宝蕾元仁浩（天津）印刷有限公司印刷
全国各地新华书店经销

*

787 毫米 ×1092 毫米 16 开本 10.5 印张 230 千字
2024 年 12 月第 1 版　2024 年 12 月第 1 次印刷
定价：78.00 元

编 委 会

主　编： 孙　凯　周战云　赵建胜

副主编： 李社坤　刘华俊

编　委： 周亚军　武玉东　刘高军　任文亮　陈　奇

马永生　李　刚　包振江　齐先立　赵　芬

前·言

PREFACE

固井技术是石油勘探开发过程中不可或缺的关键环节，为了满足广大固井工程技术人员对固井工具附件的深入了解和实际应用的需求，我们编写了这本《固井工具附件手册》。

固井工程是石油工程中的一项重要技术，涉及钻井、完井、增产等多个工程环节。固井工具作为固井工程的核心设备，其性能和适用范围直接影响着固井质量和整个石油工业的发展。因此，深入研究和掌握各种固井工具的特点和操作方法，对于提高固井工程质量、降低成本、保障安全生产具有重要意义。

本手册共分四章，第一章为常规套管附件，介绍了套管引鞋、套管浮箍浮鞋、套管扶正器、固井胶塞、套管鞋；第二章为特殊套管附件，介绍了插入式固井附件、水泥伞、刮泥器、定位环、套管地锚、自动灌浆装置、固井套管关井工具；第三章为固井井口工具，介绍了固井水泥头、循环接头、高压旋塞阀、高压活动弯头、高压直管、下套管自动灌浆装置、水泥浆磁化器；第四章为固井井下工具，介绍了尾管悬挂器、分级注水泥器、套管外封隔器、漂浮接箍、水泥承留器、套管封隔鞋、振动固井工具。

本手册旨在为广大固井工程技术人员提供一本全面、系统、实用的工具书。在编写过程中，我们参考了国内外最新的研究成果和行业标准，结合了编者多年的实践经验，力求内容准确、实用。手册内容包括固井工具的基本概念、分类、结构、工作原理、使用和维护等方面，以帮助读者更好地理解和应用相关知识。

本手册的特点在于理论与实践相结合，既注重基础知识的讲解，又关注实际应用的需求。通过阅读本手册，读者可以更好地了解固井工具的发展趋势和需求，提高自身的专业素养和实践能力。

在使用本手册时，我们希望广大读者能够积极参与讨论和交流，提出宝贵的意见和建议。同时，我们也欢迎广大读者提供相关资料和信息，以便我们不断完善和更新手册内容。

最后，我们要感谢所有为本手册编写提供支持和帮助的专家、学者和同事。正是有了你们的支持和帮助，本手册才能更好地服务于广大固井工程技术人员。

让我们共同努力，为提高固井工程质量、推动石油工业发展贡献力量！

目·录

CONTENTS

第一章 常规套管附件

第一节 套管引鞋

1. 概述

套管引鞋是连接于套管串最下端，在下套管过程中起导向作用的装置。套管引鞋可防止套管柱下端与井壁之间发生阻卡，提高套管的下放效率。套管引鞋按材质及功能可分为：水泥引鞋、铸铁引鞋、铸铝引鞋、全钢引鞋、旋转引鞋。

2. 水泥引鞋

1）结构原理

水泥引鞋是向本体内浇筑水泥石预制而成，内部有大口径循环孔，可进行正常循环作业。固井结束后内部结构可钻除。其结构见图1-1-1。

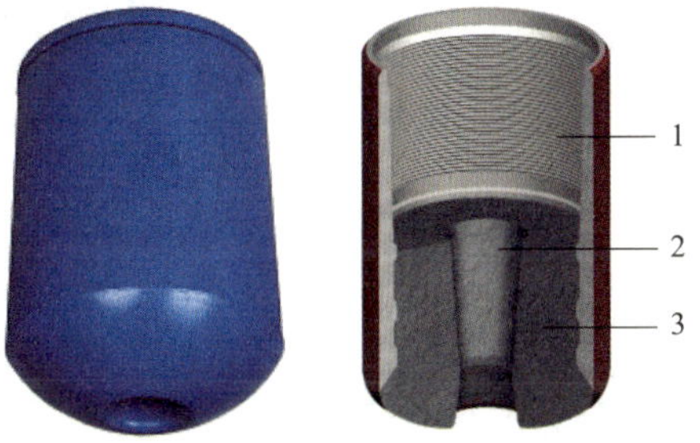

图 1-1-1 水泥引鞋结构示意图

1—本体；2—循环孔；3—水泥石

2）技术参数

水泥引鞋技术参数见表1-1-1。

表 1-1-1 水泥引鞋技术参数

规格/mm（in）	外径/mm	循环孔直径/mm	长度/mm
177.8（7）	Φ200	Φ70	600
244.5（9 5/8）	Φ270	Φ80	600
273.1（10 3/4）	Φ299	Φ80	600
339.7（13 3/8）	Φ365	Φ90	600

3）技术特点

由于水泥引鞋内部结构为水泥石材质，因此可钻性好，钻除效率较高，经常用于表层套管或浅层技术套管。

4）使用方法

（1）安装时应按规定扭矩旋紧于套管柱底端，安装以及入井时均应防止磕碰水泥石部位。

（2）产品外表面应涂防护油漆，螺纹应涂螺纹脂，并戴螺纹保护器。

（3）搬运过程中禁止磕碰、抛摔、震动，防止水泥石破碎。

3. 铸铁引鞋

1）结构原理

铸铁引鞋由铸铁铸造而成，外形为弹头形状，大端设套管内螺纹可与套管柱下端相连，底部设置水眼，下部侧壁设置分流孔，依靠弹头外形引导套管顺利在井眼内下行。其结构见图1-1-2。

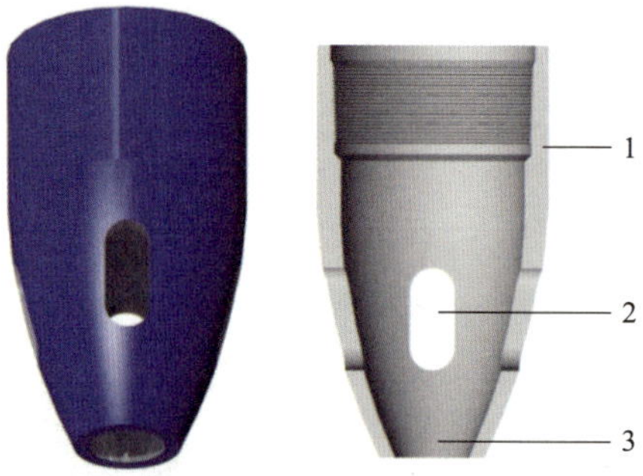

图 1-1-2　铸铁引鞋结构示意图

1—本体；2—分流孔；3—循环水眼

2）技术参数

铸铁引鞋技术参数见表1-1-2。

表 1-1-2　铸铁引鞋技术参数

规格/mm（in）	外径/mm		内径/mm		圆弧半径/mm		螺纹长度/mm	长度/mm	侧流孔个数/个
	最大	最小	最大	最小	外圆弧	内圆弧			
127.0（5）	Φ147	Φ70	Φ104	Φ50	600	900	85.72	280	4
139.7（5½）	Φ154	Φ75	Φ116	Φ55	620	930	88.9	324	4
177.8（7）	Φ200	Φ90	Φ146	Φ75	652	728	101.6	370	4
244.5（9⅝）	Φ270	Φ105	Φ214	Φ85	680	760	120.65	410	4
273.1（10¾）	Φ299	Φ117	Φ246	Φ93	696	800	120.65	400	4
339.7（13⅜）	Φ365	Φ140	Φ309	Φ115	720	860	120.65	520	4

3）技术特点

铸铁引鞋的特点是机械强度高，引导作用好，虽然其材质可钻，但可钻性差，一般适用于中深井、井下正常的深井、定向井产层套管和井下条件复杂的技术套管。

4）使用说明

（1）安装于套管底端时应严格控制旋紧扭矩，防止撑裂脆性本体。

（2）因铸铁为脆性材料，搬运、安装及入井过程应禁止抛摔、重压、磕碰，防止破裂。

（3）本体及螺纹部位发现裂纹时禁止入井使用。

（4）产品应保管于干燥通风处，避免潮湿环境，禁止接触腐蚀性物质。

4. 铸铝引鞋

1）结构原理

主要由钢制本体和铝制引鞋头组成，二者直接通过螺纹相连，引鞋头可呈半球状或圆锥状，底部开设水眼，水眼周围均匀分布多个分流孔，主要依靠引鞋头引导套管在井眼内顺利下行。铝制引鞋头有圆头与刮刀两种类型。其结构见图1-1-3。

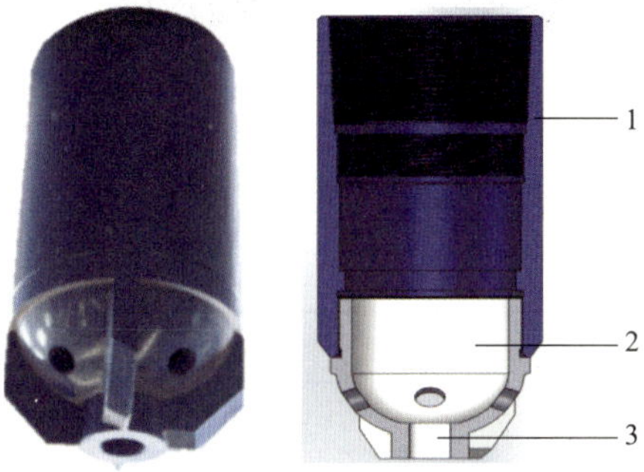

图 1-1-3　铸铝引鞋结构示意图

1—本体；2—铝引鞋头；3—循环水眼

2）技术参数

铸铝引鞋技术参数见表1-1-3。

表 1-1-3　铸铝引鞋技术参数

规格/mm（in）	外径/mm	内径/mm	螺纹长度/mm	长度/mm	圆头循环孔直径/mm	刮刀鞋头侧流孔个数/个
127.0（5）	Φ147	Φ104	85.72	280	60	4
139.7（5½）	Φ154	Φ116	88.9	324	60	4
177.8（7）	Φ200	Φ146	101.6	370	70	4
244.5（9⅝）	Φ270	Φ214	120.65	410	80	—
273.1（10¾）	Φ299	Φ246	120.65	400	80	—
339.7（13⅜）	Φ365	Φ309	120.65	520	90	—

3）技术特点

铸铝引鞋的特点是结构简单，引导作用好，可钻性较好。一般用于深井表层套管、中深井的技术套管，以及其他后续需要继续钻进且井下正常的井况。

4）使用方法

（1）安装前应确认引鞋头处于旋紧状态，且鞋头无变形、裂纹及损伤。

（2）安装时按规定扭矩旋紧于套管柱底端，安装以及入井时均应防止磕碰引鞋头部位。

（3）产品外表面应涂防护油漆，螺纹应涂螺纹脂，并戴螺纹保护器。

（4）产品应在干燥通风处保管，不应接触酸、碱等腐蚀物质。

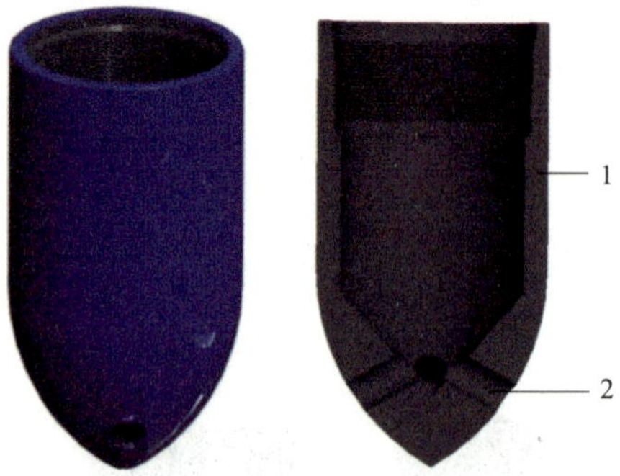

图 1-1-4　全钢引鞋结构示意图

1—本体；2—循环孔

5. 全钢引鞋

1）结构原理

全钢引鞋外观结构与铸铁引鞋类似，主要由引导部和连接部组成，引导部为半球状或炮弹头状结构，在其侧方开设多个循环孔；连接部呈圆柱状，其内部设置套管连接螺纹，用以连接套管柱底端。其结构见图1-1-4。

2）技术参数

全钢引鞋技术参数见表1-1-4。

表 1-1-4　全钢引鞋技术参数

规格/mm（in）	外径/mm	内径/mm	螺纹长度/mm	长度/mm	循环孔个数/个
127.0（5）	Φ147	Φ104	85.72	250	4
139.7（5½）	Φ154	Φ116	88.90	300	4
177.8（7）	Φ200	Φ146	101.6	350	4

3）技术特点

全钢引鞋整体由钢材制成，通常选用35CrMo或机械性能在其以上的材质，其特点是机械强度高，引导作用很好，但是不可钻，需要用磨鞋才能磨除。全钢引鞋适用于井下情况复杂的中深井及水平井，井下情况正常的深井、超深井，定向井的产层套管，特殊情况下也可考虑用于井下条件复杂的技术套管，但是需要充分考虑后续钻除问题。

4）使用方法

（1）安装时按规定扭矩旋紧于套管柱底端。

（2）产品外表面应涂防护油漆，螺纹应涂螺纹脂，并戴螺纹保护器。

（3）产品应在干燥通风处保管，不应接触酸、碱等腐蚀物质。

6. 旋转引鞋

1）结构原理

旋转引鞋主要由本体、旋转叶轮、旋转内套、旋转导向头等部分组成，在循环过程中，通过涡轮动力带动引鞋头高速旋转，提高套管通过性；同时引导钻井液从旋转导向头上设置的水眼高速喷出，形成高速涡流，对（管壁）井眼进行清理和修整，同时也可对井眼内沉积的岩屑形成冲击使其悬浮，进而便于其被钻井液携出井筒，改变井底流畅性，提高顶替效率。其结构见图1-1-5。

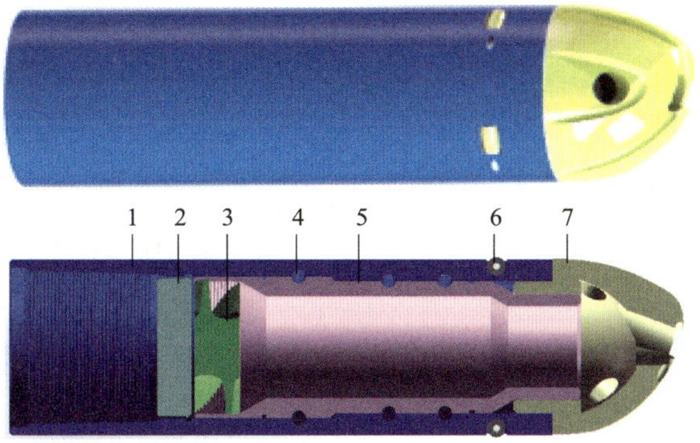

图 1-1-5　旋转引鞋结构图

1—本体；2—挡板；3—旋转叶轮；4—滚珠；5—旋转内套；6—扶正滚轮；7—旋转导向头

2）技术参数

旋转引鞋技术参数见表1-1-5。

表 1-1-5　旋转引鞋技术参数

规格/mm（in）	外径/mm	本体内径/mm	长度/mm	侧流孔个数/个
127.0（5）	Φ147	Φ104	550	4
139.7（$5\frac{1}{2}$）	Φ154	Φ116	550	4
177.8（7）	Φ200	Φ146	700	4
244.5（$9\frac{5}{8}$）	Φ270	Φ214	700	6
339.7（$13\frac{3}{8}$）	Φ365	Φ309	800	8

3）技术特点

旋转引鞋的特点是具有可依靠水力旋转的引导头，可通过高速旋转及射流修整井壁，冲击并驱散岩屑床，使岩屑悬浮并被钻井液携出井筒。该类引鞋适用于水平井，定向井，井下条件复杂的深井、超深井，以及下套管遇阻风险比较大的井。

4）使用方法

（1）安装前应确认旋转引导头旋转自如无阻卡，各部件无变形损伤。

（2）安装时按规定扭矩旋紧于套管柱底端，安装以及入井时均应防止磕碰引导头。

（3）下套管过程中如发现存在遇阻情况，应上提管柱，使用提升短节连接方钻杆/顶驱，开泵循环正常后，一边以较大的允许排量循环，一边缓慢下放管柱，直至套管柱下端通过遇阻井段，其间不可猛提猛放，以防阻卡。随后继续进行下套管作业。

（4）保管时应戴螺纹保护器，存放于干燥通风处，不应接触酸、碱等腐蚀物质。

7. 套管导向引鞋

1）旋振自导式套管引鞋

（1）结构组成。

旋振自导式套管引鞋是一种可在下套管过程中疏散岩屑床的引导工具，可预防下套

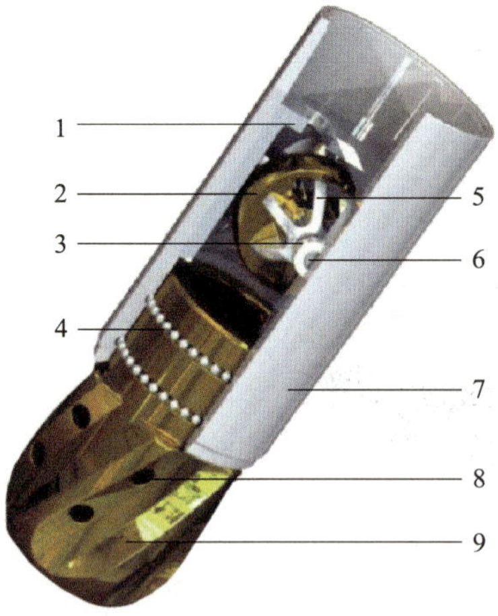

图 1-1-6　旋振自导式套管引鞋

1—振子座；2—偏心振子；3—振轴套；4—滚珠；5—叶轮；6—振轴；7—壳体；8—射流孔；9——旋转引鞋

管遇阻。其主要由壳体、旋转引导机构和旋转振动机构3部分组成，其具体结构组成如图1-1-6所示。

壳体的主要作用是固定旋转引鞋和振动机构，同时可与套管相连，其为管状结构，上端设置套管内螺纹，用以与套管相连；下端内壁设置2道滚珠槽，通过滚珠与旋转引鞋相连；侧壁设置4个固定销钉孔，用于固定振动机构。

旋转引导机构主要包括旋转引鞋和滚珠。旋转引鞋的主要作用是依靠液力喷射的反作用力产生旋转，通过旋转驱散岩屑床；同时还要提供引导功能，防止下套管遇阻。其为管状结构，下部为半球状结构以提供引导功能；其外壁设置6条螺旋棱，在旋转过程中可驱散岩屑床；螺旋棱侧壁开设切向射流孔，通过该孔喷射的高速流体产生的反作用力可推动引鞋旋转；旋转引鞋上部外壁设置2道滚珠槽，通过滚珠可与壳体滚动相连；引鞋底部开设轴向通孔，通过该孔可喷射液体冲击岩屑床。为了防止引鞋接触井壁阻碍转动，其最大外径略小于壳体外径；为了在固井后能够容易钻除，旋转引鞋材质选择可钻性较好的铝合金。

旋转振动机构主要由偏心振子、叶轮、振轴、振轴套及振子座构成。偏心振子的主要功能是在其旋转时产生振动，偏心振子为圆盘状鼓形结构，中心开设六方轴孔，一侧开设2个扇形偏心配重孔，使其重心偏离中心，这样可使其在转动时产生振动，进而带动整个工具产生振动。为使其具有良好的可钻性，偏心振子的材质选择黄铜。

叶轮的主要作用是将高速流体的动能转化为高速转动，然后将转动传递给偏心振子，其为球冠形放射状结构，中心开设六方孔，用以穿设六方形的振子轴。叶轮数量为2个，分别设于偏心振子两侧。为使其具有良好的可钻性，叶轮材质选择铝合金。

振轴的主要作用是固定偏心振子和叶轮。为了便于传递旋转运动，振轴的形状设计为六方形，其两侧开设卡簧槽，用以安装卡簧固定偏心振子和叶轮，振轴的材质选择铝合金。

振轴套的作用是将振轴两端固定在振子套上，同时具有滑动轴承的作用，其为套状结构，为减小摩擦因数，其材质选择聚四氟乙烯塑料。

振子座主要作用是固定偏心振子、叶轮、振轴和轴套，同时引导液流冲击叶轮产生高速转动，其为筒状结构，其侧壁开设2个轴套孔以安装轴套，其顶部正对叶轮的位置开设2个轴向射流孔，用以引导液流冲击叶轮产生转动，其材质选择铝合金。振子座位于壳体内部，二者之间通过定位销钉固定相连。

（2）工作原理。

使用时，将旋振自导式套管引鞋安装于套管柱下端后进行下套管作业。当套管下端到达岩屑床附近时，可通过套管柱上端一边泵注并循环钻井液，一边下放套管；此时钻井液首先通过振子套上端的射流孔冲击叶轮使其带动振子快速旋转，由于振子上的减重孔使振子的重心偏离其轴线，其快速旋转必然产生强烈振动，振动通过振轴、振轴套及振子套传递给壳体，在振动作用下，岩屑床可迅速被疏松；当钻井液通过引鞋螺旋棱上的旋流孔高速射出时，旋转引鞋可在液流的反冲力作用下快速旋转，此时螺旋棱的旋转可拨动沉积的岩屑，同时液流从旋流孔喷出并射向岩屑床，二者同时作用可迅速冲散岩屑床，随后悬浮的岩屑在循环液流的作用下被携出井眼，由此可迅速驱除岩屑床，消除套管下放阻力。

（3）性能特点。

①旋振自导式套管引鞋下部设有可在液力喷射作用下高速旋转的引鞋，可通过旋转搅动岩屑使之松动；切向高速射出的液流也可冲击岩屑床使之悬浮，更利于钻井液携出。

②旋振自导式套管引鞋内部设有旋转振动机构，可通过振动使岩屑床松动，因此可减小套管经过岩屑床的阻力，同时为液力悬浮岩屑创造条件。

③旋振自导式套管引鞋内部零件均由铝合金或黄铜等易钻材料制成，钻除容易。

④旋振自导式套管引鞋特别适用于岩屑容易沉积的大斜度井及水平井的下套管作业。

（4）技术参数。

旋振自导式套管引鞋技术参数见表1-1-6。

表 1-1-6 旋振自导式套管引鞋技术参数

序号	规格尺寸/mm	244.5
1	最大外径/mm	Φ270
2	总长度/mm	850
3	转速/（r/min）	60~80
4	振动频率/Hz	20~40
5	循环压耗/MPa	0.5
6	射流孔径/mm	轴向40，切向20

2）Varel公司Pilot系列导向鞋

Varel公司设计研究的Pilot系列产品是一款较为典型的套管导向鞋，该装置的导向头通体为铝制材料，整体为偏心形状。Pilot导向鞋适用于套管、衬管以及筛管的下放工作，能够克服下放过程遇到的阻碍，光滑的导向头能够降低下放的摩阻，使得下放工作更加顺利，提高下放效率。Pilot导向鞋系列产品目前主要有三种类型，光滑体导向鞋和自调整导向鞋以及自调整可锁定式导向鞋，如图1-1-7所示。Pilot导向鞋的周向具有倾斜流道，在下放套管等作业过程中，能够利用其结构上的水眼对井壁进行清洗，提高井眼的清洁度。自调整导向鞋与自调整可锁定式导向鞋在套管下放遇到阻碍时均可以自动旋转，自调整可锁定式导向鞋调整好角度后能够自动锁定不再旋转，从而引领套管顺利通过障碍。目前，Pilot导向鞋系列产品能够配合符合API标准的工具使用，导向头的材料选用也具有多样性。

(a)光滑体导向鞋　(b)自调整导向鞋　(c)自调整可锁定式导向鞋

图 1-1-7　Pilot 套管导向鞋

3）WWT公司的JetGuide系列导向鞋

WWT公司研发的JetGuide系列套管导向鞋是一种能够高速旋转的套管引鞋头，主要用于辅助下放套管。如图1-1-8（a）和图1-1-8（b）所示，JetGuide系列产品按照其结构形状可以分为标准型与偏心型两种。如图1-1-8（c）所示，JetGuide导向鞋主要是通过布置在导向鞋前端的水眼产生强大的水柱，通过喷射的水流清理沉积在井壁的岩屑以及其他阻碍物，清除套管下放的障碍，降低套管下放的阻力。同时，该导向头的中央具有一个较大的水眼，能够避免产生水眼阻塞的情况并且能够进行后续的注水泥工作。JetGuide两种类型导向鞋的结构均比较简单，因此在加工制造方面具有较大的优势，同时简单的结构能够保证工具的稳定性。导向鞋采用聚氨酯材料制造，在完成下放的工具之后可以直接被钻除。该产品目前已经形成了系列化的产品，能够适用于多种尺寸的套管；但该导向鞋在进行工作时，需要较高的泵压才能发挥出最佳的效果，因此需要消耗更多的能量。

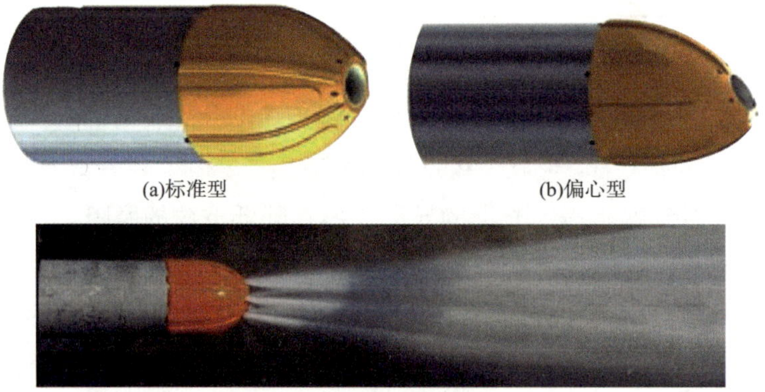

(a)标准型　(b)偏心型

(c)Jet Guide水射流实验

图 1-1-8　JetGuide 导向鞋

4）ADMA–OPCO公司 & Weatherford公司的偏心套管导向鞋

ADMA–OPCO公司和Weatherford公司合作研制了自由旋转偏心套管导向鞋，主要由安全阀、套管鞋体和偏心鼻端组成，如图1–1–9所示。该导向鞋的特点是井下遇到障碍造成其无法正常下放时，能够根据接触井壁阻碍受力的不同产生转动，将套管引领至阻力较小的路径，使得旋转导向头远离井下阻碍、越过障碍。利用导向鞋头相对于套管的转动代替套管自身的转动，在引领套管越过障碍的同时能够避免套管转动对其自身产生损伤。引鞋头偏心侧加工有钻槽和断屑器，提高了孔的清洁速率，进一步减小了导向鞋通过障碍时的阻力，利于套管顺利下到预定位置。全复合塑料制造的引鞋头，方便作业完成后被钻除。该装置在UmmShaif油田成功应用，解决了弯曲井眼轨迹下套管难的问题；在下一阶段作业中被PDC钻头2.5h内成功钻穿。

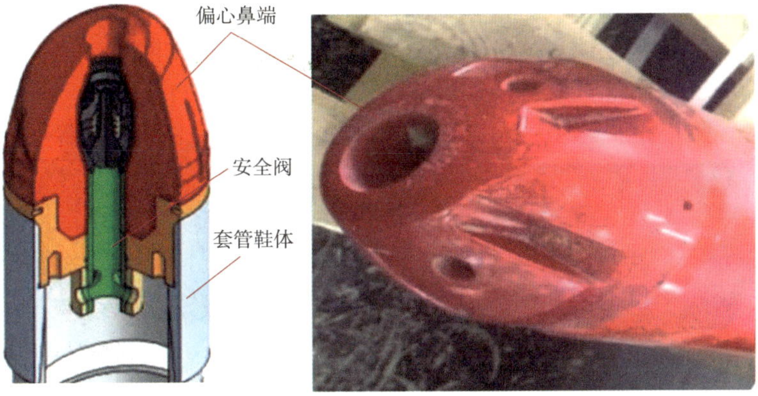

图 1–1–9　Free–Rotating Ecentric 导向鞋

8. 套管扩眼鞋

1）WWT公司的JetReam和ReamGuide扩眼鞋

WWT公司在旋转引鞋方面进行的研究较深，不但具有用于引领套管下放的套管导向鞋，在套管扩眼鞋方面也具有较深的研究。其公司的JetReam和ReamGuide扩眼鞋（图1–1–10），具有清理井眼的功能，可对井眼内的障碍物进行清除。该扩眼鞋同JetGuide

图 1–1–10　JetReam 和 ReamGuide 扩眼鞋

导向鞋相同，具有用于喷射流体的水眼，能够清除井底的沉砂。在面对井壁失稳造成井眼缩颈时，该工具嵌入式陶瓷的切削结构，能够有效地清理井壁障碍，处理缩颈，解决套管下入困难的问题。该扩眼鞋的内部为铝制框架，能够镶嵌各类刀刃；外部采用的是聚氨酯材料，在保证一定耐用性的同时也容易被钻除。

2）Schlumberger公司的XCDR扩眼鞋

Schlumberger公司的XCDR扩眼鞋是一款比较经典的扩眼工具。如图1-1-11所示，XCDR扩眼鞋采用的是5刀翼的设计，每个刀翼上带有20~39个柱状刀具。XCDR扩眼鞋能够帮助套管穿过井壁台阶、钻屑床等。该扩眼鞋的刀翼结构为碳化钨刀具，具有较好的切削性能。该扩眼鞋前端采用较为圆滑的设计，避免了锋利结构造成的在遇到障碍时转动套管扭矩过大的问题。5个刀翼之间设计有大排屑槽，能够有效排除钻掉的岩屑，通过与前端的6个喷嘴配合使用，能够大大提高清洁和冷却的效果。由于该扩眼鞋的主体采用铜基合金材料，故采用常规PDC钻头即可很容易地被钻除。

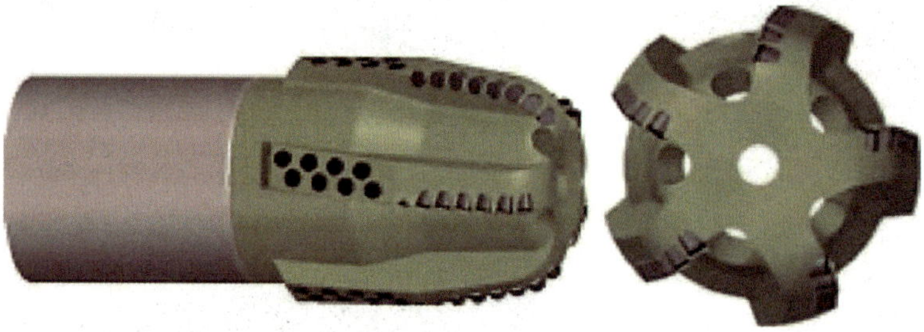

图 1-1-11　XCDE 扩眼鞋

3）Varel公司的Pen-O-Trator系列扩眼鞋

Varel公司的Pen-O-Trator系列扩眼鞋主要用来辅助下放套管、衬套或筛管。如图1-1-12所示，该系列的扩眼鞋主要包括Pen-O-Trator、Pen-O-Trator V2、Reaper导向扩眼鞋3种。其中，Pen-O-Trator V2、Reaper导向扩眼鞋的刀翼切削结构以及水眼的布置设计等得到了优化与提升，大大提高了扩眼鞋的扩眼能力与引导下放套管的能力，从而更加适用于解决困难地层条件下的套管下入问题。Pen-O-Trator扩眼鞋采用碳化钨材料来设计其切削结构，从而使得该扩眼鞋的切削能力大大提升。在遇到障碍物时，螺旋环绕的切削结构能够通过旋转扫除障碍，完成扩眼工作。Reaper扩眼鞋的前端为锐利的碳化钨涂层刀片，清阻能力更强，加上前端的排屑槽设计可保持刀片的清洁，机身上的碳化钨纽扣刀片可进一步清洁井壁，能解决极端井眼条件下的套管下入问题。

(a)Pen-O-Trator　(b)Pen-O-Trator V2　(c)Reaper

图 1-1-12　Pen-O-Trator 扩眼鞋

4）Weatherford公司的DiamonBack系列扩眼鞋

Weatherford公司的DiamonBack系列扩眼鞋包括DiamonBack、DiamonBack FR、DiamonBack CC以及CleanReame 4种，如图1-1-13所示。其共同特点在于通过各种口径的大流量通道，解决了水泥泵送过程中的窜槽问题。其中，DiamonBack、DiamonBack FR两种扩眼鞋的切削结构为块状碳化钨，在遇到坚硬地层和磨蚀性地层时依然能正常工作。两者的主要区别在于前者采用铝制，而后者可采用复合塑料材料制造，使越过障碍物时的阻力更小。DiamonBack CC扩眼鞋的整体碳化钨切削结构使其适用于软、中等和不稳定地层，引导头同样采用铝制，可承受冲击载荷并且能被PDC钻头或者三牙轮钻头快速钻除。CleanReam扩眼鞋的切削结构采用热稳定多晶金刚石（TSP）或聚晶金刚石（PDC），除了适用于坚硬、磨蚀性地层外，还能在侵蚀性的地层作业。

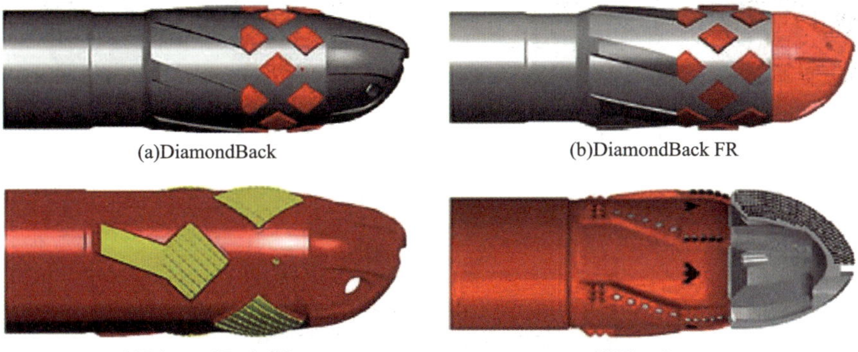

图 1-1-13　DiamonBack 系列扩眼鞋

第二节　套管浮箍、浮鞋

1. 概述

套管浮箍、浮鞋是装配在套管串底部，防止环空液体倒返进入套管内部，下套管时可提供浮力减轻套管串重量的井下工具。同时，套管浮箍、浮鞋还可以承托固井胶塞，以便实现碰压操作。

套管浮箍、浮鞋按注水泥方式可分为普通注水泥式和内插管注水泥式，按其填充方式可分为水泥浆浇筑式和非水泥浇筑式，按下井时钻井液的进入方式可分为自灌式和非自灌式，按其回压装置的工作方式分为浮球式、弹簧式、舌板式、弹浮式。

2. 浮球式浮箍、浮鞋

1）结构原理

浮球式浮箍、浮鞋主要由本体、阀座、浮球、球篮等部分组成，浮鞋还包括引鞋头。

本体两端加工有套管螺纹，以便连入套管柱下部；阀座下部设置内锥密封面，用以与浮球配合形成密封；球篮主要用以容纳浮球，防止其脱落；浮球一般为胶木或尼龙材质，可在钻井液或水泥浆的浮力作用下浮起，并在压差作用下与球座下部的密封锥面紧密配合实现坐封。其结构见图1-2-1、图1-2-2。

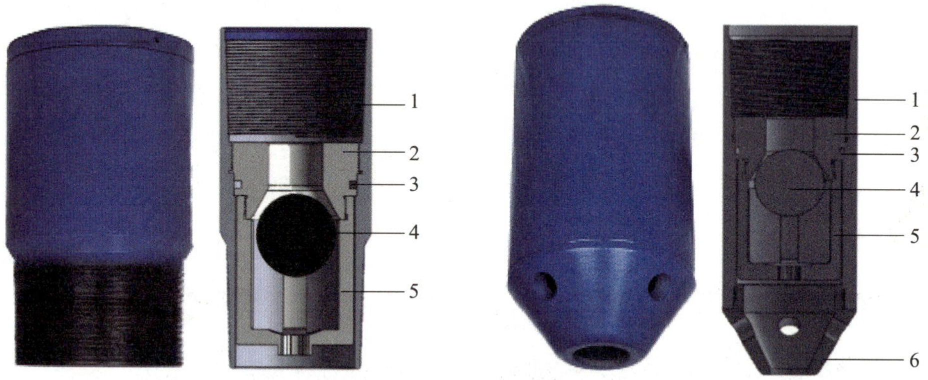

图 1-2-1　浮球式套管浮箍、浮鞋

1—本体；2—阀座；3—O 型圈；4—浮球；5—球篮；6—引鞋头

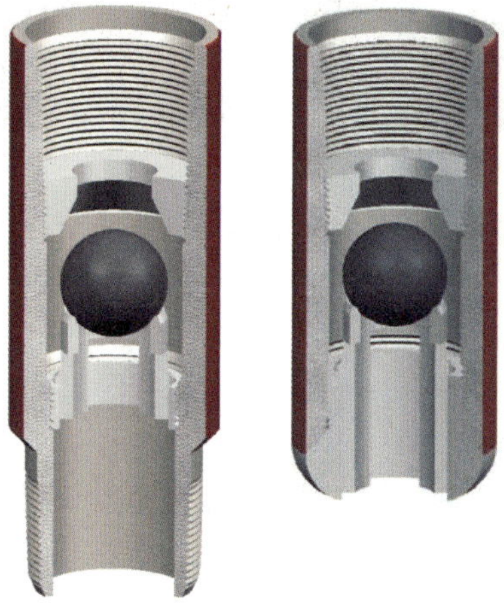

图 1-2-2　威德福浮球式浮箍、浮鞋

2）技术参数

浮球式套管浮箍浮鞋技术参数见表1-2-1。

表 1-2-1　浮球式套管浮箍浮鞋技术参数

规格	89	102	114	127	140	168	178	194	219	245	273	298	340	508
外径/mm	Φ108	Φ121	Φ127	Φ141	Φ154	Φ188	Φ200	Φ216	Φ245	Φ270	Φ299	Φ324	Φ365	Φ540
内径/mm	Φ73	Φ96	Φ98	Φ108	Φ120	Φ148	Φ155	Φ172	Φ196	Φ221	Φ250	Φ276	Φ318	Φ483
循环孔径/mm	Φ46~Φ60								Φ60~Φ70					

续表

浮球直径/mm	Φ45	Φ55	Φ65	Φ75		Φ85		Φ90
正向承压/MPa	30		30		25		20	10
反向承压/MPa	35		35		30		25	15

3）技术特点

浮球式套管浮箍、浮鞋的主要密封部件是浮球，在液流冲击下可自由转动，密封面遍布整个球面，因此具有耐冲蚀性能好、可靠性相对较高等特点，但是由于浮球为非金属材质，其耐温性能及耐压强度相对欠缺，该类浮箍浮鞋通常用于直井或小斜度井，一般不用于深井超深井。

3. 弹簧式浮箍、浮鞋

1）结构原理

弹簧式套管浮箍、浮鞋主要由本体、阀座、阀芯、弹簧、阀篮等部分组成，浮鞋还包括引鞋头。本体两端加工套管螺纹，用以接入套管柱；阀座下部设置密封锥面，用以与阀芯配合形成密封；阀芯上部一般为半球状结构，尾部设置导向杆；弹簧主要为阀芯与阀座的坐封提供复位力，位于阀篮底部与阀芯半球之间；阀篮用以容纳阀芯与弹簧，起连接作用。其结构见图1-2-3。

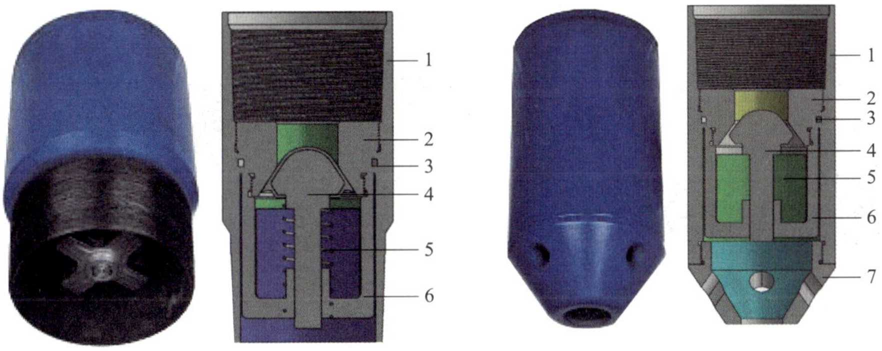

图 1-2-3 弹簧式套管浮箍、浮鞋

1—本体；2—阀座；3—O 型圈；4—阀芯；5—弹簧；6—阀篮；7—引鞋头

2）技术参数

弹簧式套管浮箍浮鞋技术参数见表1-2-2。

表 1-2-2 弹簧式套管浮箍浮鞋技术参数

规格	89	102	114	127	140	168	178	194	219	245	273	298	340	508
外径/mm	Φ108	Φ121	Φ127	Φ141	Φ154	Φ188	Φ200	Φ216	Φ245	Φ270	Φ299	Φ324	Φ365	Φ540
内径/mm	Φ73	Φ96	Φ98	Φ108	Φ120	Φ148	Φ155	Φ172	Φ196	Φ221	Φ250	Φ276	Φ318	Φ483

续表

循环孔径/mm	Φ46~Φ60		Φ60~Φ70		
正向承压/MPa	30	30	25	20	10
反向承压/MPa	35	35	30	25	15

3）技术特点

弹簧式套管浮箍、浮鞋的阀芯依靠弹簧强制复位，其坐封不受姿态影响，具有较强的反向密封能力，因此可用于大斜度井及水平井。由于内部构件可以采用全金属材质，因此其耐温性能相当优越，可用于高温深井及超深井。不过由于阀芯对与阀座的密封面相对固定，在长时间冲蚀的情况下容易密封失效，另外弹簧也容易因疲劳损坏或缠绕堵漏纤维而失去复位作用，因此其耐冲蚀性能及可靠性相对较低。

4. 舌板式浮箍、浮鞋

1）结构原理

舌板式套管浮箍、浮鞋主要由本体、阀座、密封圈、舌形阀板、扭力弹簧组成，浮鞋还包括引鞋头。本体两端加工套管螺纹，用以接入套管柱；阀座中心设置水眼，下部设置密封面；单向阀芯的密封面与阀座密封面配合形成密封，其复位密封借力于扭力弹簧，进行循环或注水泥时，液流经由阀座水眼推动舌板打开并导通，停止时，扭力弹簧推动舌板复位截止。其结构见图1-2-4。

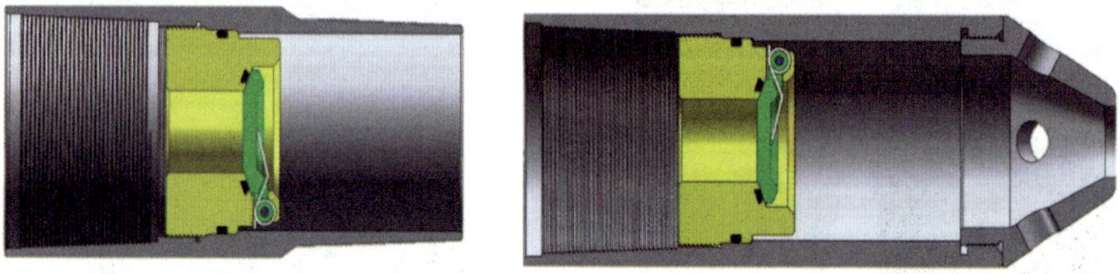

图 1-2-4　舌板式套管浮箍、浮鞋

2）技术参数

舌板式套管浮箍浮鞋技术参数见表1-2-3。

表 1-2-3　舌板式套管浮箍浮鞋技术参数

规格/mm（in）	本体外径/mm	本体内径/mm	循环孔径/mm	螺纹形式	耐正向/反向压力/MPa
114（4½）	Φ127	Φ99.6	50	LTC/BTC	35/35
127（5）	Φ141.30	Φ108.6	55	LTC/BTC	35/35
140（5½）	Φ153.7	Φ124	55	LTC/BTC	35/35
168（6⅝）	Φ187.71	Φ147.1	60	LTC/BTC	35/35

续表

规格/ mm（in）	本体外径/ mm	本体内径/ mm	循环孔径/ mm	螺纹形式	耐正向/反向压力/ MPa
178（7）	Φ200	Φ154.8	60	LTC/BTC	35/35
194（7⅝）	Φ215.90	Φ168.3	60	LTC/BTC	35/35
244（9⅝）	Φ269.88	Φ222	65	LTC/BTC	35/35
273（10¾）	Φ298.45	Φ247.9	65	STC/BTC	28/35
340（13⅜）	Φ365	Φ317.9	70	STC/BTC	28/35
365（14⅜）	Φ396	Φ337.37	70	STC/BTC	28/35

3）技术特点

（1）舌板式套管浮箍、浮鞋本体由优质合金钢制造，机械强度高。

（2）内置的舌板阀由强度高、可钻性好的特殊铝合金制成，舌板阀由扭力弹簧强制复位且带有橡胶密封垫，复位坐封时间短，密封性能良好、功能可靠。

（3）阀芯导通状态下流道畅通无阻碍，阀体耐温150℃，耐冲刷，反向承压能力强。

（4）该类浮箍浮鞋适用于直井、大斜度井及水平井，具有良好的复位能力。

5. 弹浮式浮箍、浮鞋

1）结构原理

弹浮式套管浮箍、浮鞋主要由壳体、阀座、阀球、球篮、弹簧、球托、销钉、密封圈、引鞋等部件组成。如图1-2-5所示，其阀球可在液流冲击下自由转动；钻井液循环及固井过程中，液体推开阀球通过浮箍、浮鞋内孔进入环空，固井完毕，阀球可在弹簧和反向回压的共同或单一作用下上行，关闭过流通道，实现反行承压密封。

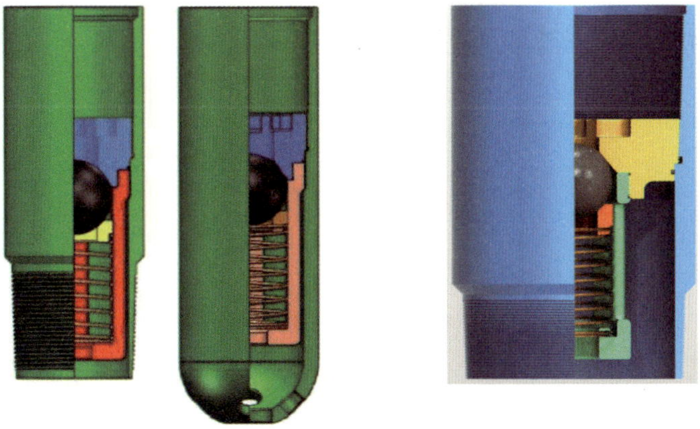

图 1-2-5 弹浮式套管浮箍、浮鞋

2）技术参数

弹浮式套管浮箍浮鞋技术参数见表1-2-4。

表 1-2-4 弹浮式套管浮箍浮鞋技术参数

公称尺寸/mm（in）	最大外径/mm	适应套管壁厚/mm	本体最小内径/mm	水眼直径/mm	正向承压/MPa	反向承压/MPa
114（4 1/2）	Φ127.00	6.35	Φ101.6	≥Φ46	21，28 35，42 56，63	28，35 42，56 63，70
		7.37	Φ99.56			
		8.56	Φ97.18			
127（5）	Φ141.30	6.43	Φ114.14			
		7.52	Φ111.96			
		9.17	Φ108.62			
140（5 1/2）	Φ153.67	7.72	Φ124.26			
		9.17	Φ121.36			
		10.54	Φ118.62			
168（6 5/8）	Φ187.71	8.94	Φ150.40			
		10.59	Φ147.10			
		12.06	Φ144.16			
		9.19	Φ159.42			
		10.36	Φ157.08			
		11.51	Φ154.78			
		12.65	Φ152.50			
219（8 5/8）	Φ244.48	8.94	Φ201.20			
		10.16	Φ198.76			
		11.43	Φ196.22			
244（9 5/8）	Φ269.88	8.94	Φ226.60	≥Φ60	14，21 28，35	21，28 35，42
		10.03	Φ224.42			
		11.05	Φ222.38			
		11.99	Φ220.50		14，21 28，35	21，28 35，42
		13.84	Φ216.80			
		10.16	Φ252.73			
		11.43	Φ250.19			
		12.57	Φ247.91			
		13.84	Φ245.37			
		15.11	Φ242.83			
340（13 3/8）	Φ365.12	9.65	Φ320.42			
		10.92	Φ317.88			
		12.19	Φ315.34			

3）技术特点

（1）弹浮式套管浮箍、浮鞋内部结构功能可靠，液流通道畅通，循环压力损耗小。

（2）弹浮式浮箍、浮鞋内部设置的大直径弹簧能够有效缓冲阀球对球篮的冲击，可避免内部构件因相互撞击而损坏，耐冲击性能好，功能可靠性好。

（3）弹浮式浮箍、浮鞋内部阀球为球形高强度材料包裹耐高温氟橡胶构成，最高耐温可达220℃，最高耐压可达63MPa（采用全氟醚橡胶密封件，全钢阀球时，最高耐温可达290℃，正、反向承压可达70MPa）；因阀球可自由转动，所以耐冲蚀能力强，耐冲刷能力不低于2m^3/min，48h；各项综合性能均优于其他类型的浮箍、浮鞋。

（4）弹浮式套管浮箍、浮鞋可在弹簧或返流的单一或共同作用下完成坐封，坐封成功率高。

（5）浮箍、浮鞋阻流板上设置有防堵结构，可防止套管内意外落物导致堵塞。

6. 水泥式浮箍、浮鞋

1）结构原理

水泥式套管浮箍浮鞋主要由壳体、单流阀芯、水泥石等组成，壳体两端加工套管螺纹，内壁加工有环形凹槽以便固定水泥石，单流阀芯在壳体内固结于水泥石内部，单阀水泥式浮箍浮鞋结构见图1-2-6，双阀水泥式浮箍浮鞋结构见图1-2-7，防转水泥式浮箍浮鞋结构见图1-2-8。

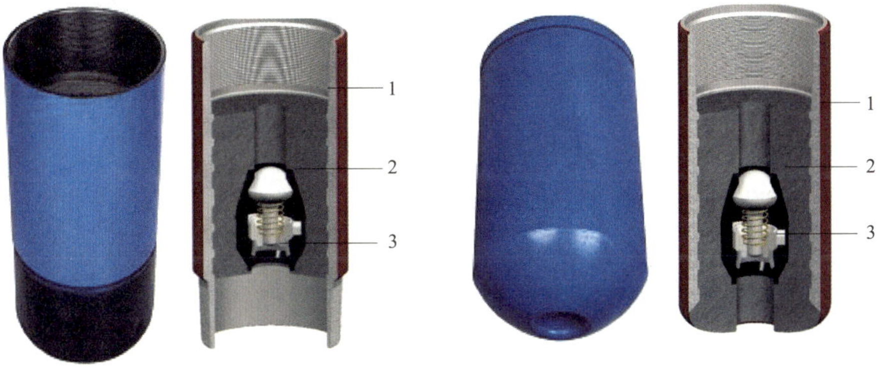

图 1-2-6　水泥式套管浮箍、浮鞋

1—壳体；2—水泥石；3—阀芯

2）技术参数

水泥式套管浮箍浮鞋技术参数见表1-2-5。

表 1-2-5　水泥式套管浮箍浮鞋技术参数

类型	适用套管尺寸		工具尺寸			
	外径/mm（in）	壁厚/mm	最大外径/mm	流通直径/mm	钻除后内径/mm	螺纹形式
水泥式浮箍	244（9⅝）	11.05	Φ269.88	65	Φ222.4	BTC
	340（13⅜）	9.65	Φ365.12	64	Φ320.42	STC

续表

类型	适用套管尺寸		工具尺寸			
	外径/mm（in）	壁厚/mm	最大外径/mm	流通直径/mm	钻除后内径/mm	螺纹形式
水泥式浮鞋	244（$9\frac{5}{8}$）	11.05	Φ269.88	65	Φ222.4	BTC
	340（$13\frac{3}{8}$）	9.65	Φ365.12	64	Φ320.42	STC

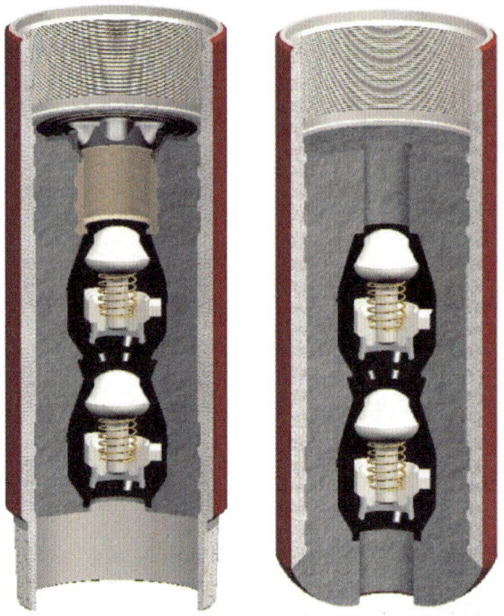

图 1-2-7　双阀水泥式浮箍浮鞋

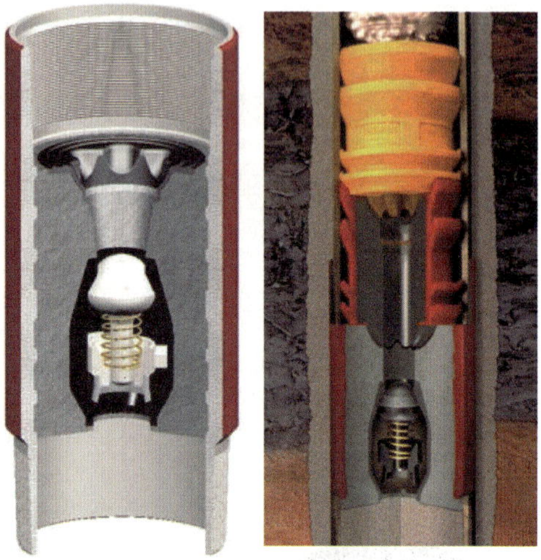

图 1-2-8　防转水泥式浮箍结构

3）技术特点

（1）可靠的回压密封机构，使得水泥浆或泥浆流过阻力小。

（2）阀座及硫化橡胶的阀芯可有效地防止水泥浆回返。

（3）壳体内部构件全部可钻，且通径与套管或尾管相同。

（4）壳体材料强度相当于API P110钢级。

（5）通常适用于表层套管或浅层技术套管。

7. 旋转自导式套管浮鞋

1）结构原理

液力旋转自导式套管浮鞋主要由壳体、阀芯、旋转引鞋等部件组成，旋转引鞋与壳体之间通过滚珠轴承连接，可相对于壳体自由转动。旋转引鞋为偏头结构，其主引导球面半径大于副引导球面半径，外壁设置双螺旋槽，在下套管过程中，该结构可使旋转引鞋主引导面始终朝向所接触的井壁，易于通过曲折井段，减小阻卡概率。旋转引鞋外壁还均匀设置多个切向射流孔，在遇到岩屑堆积较多的井段时，一方面可通过循环切向射流冲击岩屑床使其松动，另一方面可形成强烈的旋流场悬浮岩屑，另外旋转引鞋在射流作用下可高速旋转并拨动扰散岩屑床，通过以上作用可有效清除岩屑床，防止套管柱因岩屑的堆积导致下套管遇阻。旋转引鞋底部还设置有轴向射流孔，可对井底射流形成冲击，防止井底岩屑堆积。浮鞋阀芯为弹浮双作用式单流阀，正向导通，反向截止，可防止水泥浆倒流，结构见图1-2-9。

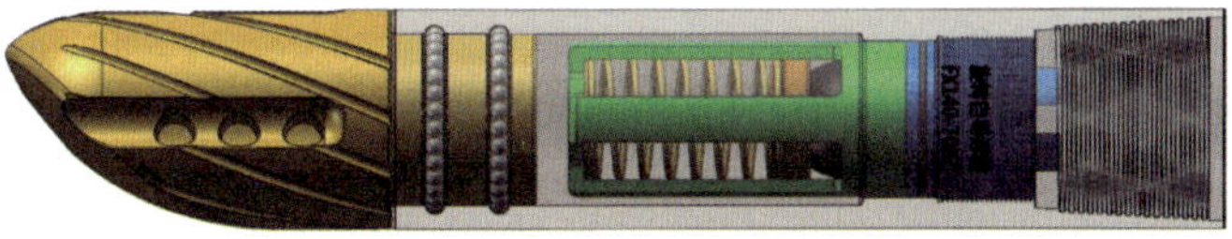

图1-2-9 液力旋转自导式套管浮鞋

2）性能特点

（1）液力旋转自导式套管浮鞋可在下套管过程中自动调整最佳引导姿态，确保具有良好的引导能力，防止下套管遇阻。

（2）液力旋转自导式套管浮鞋可在循环射流作用下高速旋转，通过切向射流作用及旋转引鞋的旋转拨动作用驱散岩屑床，防止岩屑堆积阻碍套管下入。

（3）液力旋转自导式套管浮鞋阀芯为弹浮双作用式结构，其阀球可自由转动，耐冲刷能力不低于2m^3/min，72h；由于阀芯可在弹簧或返流的单一或共同作用下完成坐封，一次坐封成功率较高。

（4）浮鞋阻流板上设置有防堵结构（防堵槽），可防止套管内意外落物导致堵塞。

（5）内部各附件均可钻，不影响下步钻进。

（6）壳体材料机械性能不低于API P110钢级，或与配套套管相同。

3）技术参数

旋转自导式套管浮鞋技术参数见表1-2-6。

表1-2-6 旋转自导式套管浮鞋技术参数

规格型号	旋转速率/（r/min）	主引导面半径/mm	旋转角度/（°）	水眼直径/mm	反向承压/MPa	耐温/℃
FX140-70XZ\5 $^1/_2$″\70MPa	60~150	160	360°	Φ55	70	180
FX140-35XZ\5 $^1/_2$″\35MPa	60~150	154	360°	Φ55	35	150
FX114-35XZ\4 $^1/_2$″\35MPa	90~160	127	360°	Φ50	35	120
FX102-35XZ\4″\35MPa	90~160	114	360°	Φ45	35	120
FX89-35XZ\3 $^1/_2$″\35MPa	90~180	102	360°	Φ40	35	120
FX178-35XZ\7″\35MPa	60~120	200	360°	Φ55	35	120
FX245-35XZ\9 $^5/_8$″\35MPa	40~110	270	360°	Φ60	35	120
FX273-35XZ\10 $^3/_4$″\35MPa	40~110	300	360°	Φ60	35	120

4）使用方法

（1）下套管前应通井，尽可能清除岩屑床沉砂，避免岩屑床过厚影响下套管。

（2）按照常规程序将旋转自导式套管引鞋本体安装于套管柱底部并旋紧。安装时避免磕碰旋转引鞋部位，防止造成变形影响正常转动。

（3）按照常规要求下放套管柱，套管柱内严禁落物；当套管柱下端下至可能存在岩屑床井段附近时，控制下放速度，注意悬重变化，判断套管柱下端遇阻情况。

（4）当确定下套管阻力较大时，应在套管柱上端转接方钻杆或通过顶驱连接套管柱，然后在开泵顶通并大排量循环的条件下缓慢下放套管柱，建议套管下放速度不要过快，条件允许时可缓慢旋转、提放管柱下到位，确认岩屑全被携出后，接下一根套管。

（5）套管柱下至设计深度后，应小排量顶通，然后再大排量循环2周以上，确保井内沉砂被全部携出后方可进行后续作业，防止岩屑再次沉积造成堵塞。

第三节 套管扶正器

1. 概述

套管扶正器是指安装于套管柱外部，在井眼内起扶正套管作用的机械装置。其作用主要包括扶正套管，保持套管居中，确保环空水泥环分布均匀；防止套管在高渗透地层发生粘卡，确保套管顺利入井；降低套管入井阻力，减小套管磨损；刮掉井壁疏松泥饼，提高水泥与地层胶结质量。本节主要介绍了弹性扶正器、刚性套管扶正器、滚子扶正器、半刚性套管扶正器和液压扶正器。

2. 弹性扶正器

弹性扶正器是指依靠弓形弹簧片弹力来扶正套管的一种扶正器，按其弹簧片与箍环的连接方式可分为焊接式、编织式和整体式，按照弓形弹簧片的形状可分为单弓和双弓。

1）结构原理

弹性扶正器主要由两个箍环和数个绕轴线均匀分布的弓形弹簧片组成，弓形弹簧片两端分别与两个箍环相连。箍环用以套装在套管柱上，弓形弹簧片则可与井壁接触并依靠弹力将套管驱离井壁达到扶正效果。

焊接式弹性扶正器的弓形弹簧片与箍环之间通过焊接方式连接，其特点是制造相对简单，加工成本较低，是早期出现的一种弹性扶正器。其不足在于弓形弹簧片与箍环的钢材特性差别较大，焊接质量不易保证，焊缝容易出现裂缝，在井内使用时弹簧片容易发生脱离。其结构见图1-3-1。

编织式弹性扶正器的箍环与弓形弹簧片之间通过编织交错冲压的方式连接，二者之间可以产生少量错移，不易发生应力集中。箍环可分解为单独部件并通过销轴相连。其特点在于便于流水线大批量生产，产品搬运储存及安装使用都较为便捷；不足在于箍环内径公差较大，部件之间的连接强度相对较低，遇到复杂井况时损坏风险较大，一般用于井径规则的直井或小斜度井段。编织式弹性扶正器的结构见图1–3–2。

图 1–3–1　焊接式弹性扶正器

图 1–3–2　编织式弹性扶正器

整体式弹性扶正器的箍环与弓形弹簧片之间是一体成型，连接强度是相对最高的。其特点是整体强度高、复位力大，可用于复杂井况及大斜度井段。其不足在于所占空间相对较大，储存及搬运成本相对较高。其结构见图1–3–3。

图 1–3–3　整体式弹性扶正器

2）使用说明

使用时，扶正器在套管上可以自由转动和上下滑动，也可以用固定螺钉或固定环将其固定在套管的某个部位。在套管入井时能刮除泥饼，清洁井壁；在注水泥时使套管居中，提高顶替效率，提高固井质量；在斜井和水平井中，能托住套管使套管居中；当要求套管旋转时，弹性扶正器起到一个滑动轴承的作用。

3）技术参数

焊接/编织式单弓弹性扶正器技术参数见表1–3–1，焊接/编织式双弓弹性扶正器技术参数见表1–3–2，整体式弹性扶正器技术参数见表1–3–3。

表 1–3–1　焊接 / 编织式单弓弹性扶正器技术参数

规格型号/mm	套管尺寸/mm	井眼尺寸/mm	弹簧片最大外径/mm	环箍内径/mm	最大启动力/N	最小复位力/N
152×114	114	Φ152	Φ165	Φ117	2064	2064
216×140	140	Φ216	Φ232	Φ142	2758	2758
216×178	178	Φ216	Φ232	Φ182	4626	4626
311×245	244	Φ311	Φ335	Φ248	7117	7117
445×340	340	Φ445	Φ458	Φ343	10854	5427
660×508	508	Φ661	Φ685	Φ512	16725	8363

表 1-3-2 焊接/编织式双弓弹性扶正器技术参数

规格型号/mm	套管尺寸/mm	井眼尺寸/mm	弹簧片最大外径/mm	环箍内径/mm	最大启动力/N	最小复位力/N
216 × 140	140	Φ216	Φ230	Φ142	2758	2758
241 × 178	178	Φ241	Φ258	Φ181	4626	4626
311 × 245	244	Φ311	Φ335	Φ248	7117	7117
445 × 340	340	Φ445	Φ456	Φ342	10854	5427
660 × 508	508	Φ661	Φ685	Φ512	16725	8363

表 1-3-3 整体式弹性扶正器技术参数

规格型号/mm	套管尺寸/mm	井眼尺寸/mm	弹簧片最大外径/mm	环箍内径/mm	最大启动力/N	最小复位力/N
152 × 114	114	Φ152	Φ152.4	Φ117	2064	2064
216 × 140	140	Φ216	Φ216	Φ142	2758	2758
241 × 168	168	Φ241	Φ241	Φ171	4270	4270
216 × 178	178	Φ216	Φ216	Φ181	4626	4626
241 × 178	178	Φ241	Φ241	Φ181	4626	4626
311 × 245	244	Φ311	Φ311	Φ248	7117	7117
445 × 340	340	Φ445	Φ445	Φ342	10854	5427

3. 刚性套管扶正器

刚性套管扶正器是指扶正体为非弹性体的套管扶正器。按其材质可分为普通/铸钢扶正器、铸铝扶正器、树脂扶正器，按其扶正棱形状可分为直棱扶正器、螺旋扶正器、鼓型扶正器。

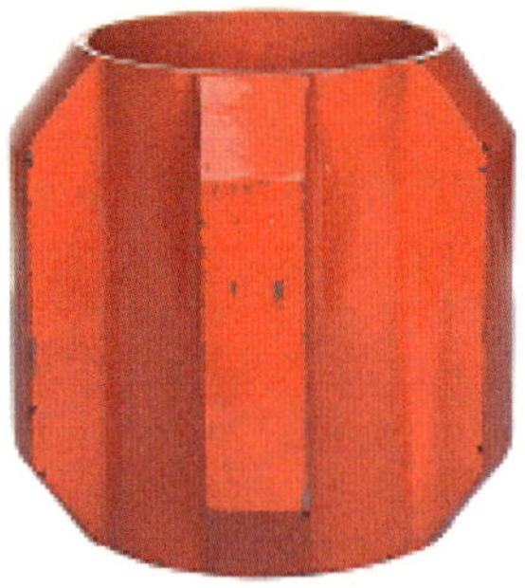
图 1-3-4 普通刚性扶正器

1）结构原理

刚性扶正器主要由箍环和扶正棱两部分构成，箍环为筒状结构，可以套装在套管上；扶正棱则绕轴线均匀分布于箍环外部，其形状可以是平行于轴线的直条状，也可以是螺旋状或圆弧形，在井眼内可以支撑在井壁上，使套管柱在井眼内保持居中。由于扶正棱不可发生弹性变形，因此具有很大的扶正力，扶正效果好，一般多用于大斜度及水平井段。其结构见图1-3-4、图1-3-5、图1-3-6。

图 1-3-5 铸铝螺旋刚性扶正器

图 1-3-6 树脂螺旋刚性扶正器

2）使用方法

使用时，扶正器在套管上可以自由转动和上下滑动，也可以用固定螺钉或固定环将其固定在套管的某个部位。在套管入井时能刮除泥饼，清洁井壁；在注水泥时使套管居中，提高顶替效率，提高固井质量；在斜井和水平井中，能托住套管使套管居中；当要求套管旋转时，刚性扶正器起到一个滑动轴承的作用。

3）技术参数

普通刚性扶正器（铸钢）技术参数见表1-3-4，铸铝刚性扶正器技术参数见表1-3-5，树脂刚性扶正器技术参数见表1-3-6。

表 1-3-4 普通刚性扶正器（铸钢）技术参数

mm

规格型号	套管尺寸	井眼尺寸	内径	最大外径
152 × 114	114	Φ152	Φ117	Φ148
216 × 140	140	Φ216	Φ142	Φ210
216 × 178	178	Φ216	Φ181	Φ210
251 × 194	194	Φ251	Φ196	Φ235
311 × 245	245	Φ311	Φ248	Φ305

表 1-3-5 铸铝刚性扶正器技术参数

mm

规格型号	套管尺寸	井眼尺寸	内径	最大外径
152 × 114	114	Φ152	Φ117	Φ148
216 × 140	140	Φ216	Φ142	Φ210
216 × 178	178	Φ216	Φ181	Φ212
241 × 178	178	Φ241	Φ181	Φ235
311 × 245	245	Φ311	Φ248	Φ305

表 1-3-6　树脂刚性扶正器技术参数

mm

规格型号	套管尺寸	井眼尺寸	内径	最大外径
216 × 140	140	Φ216	Φ142	Φ210
216 × 178	178	Φ216	Φ181	Φ210
241 × 178	178	Φ241	Φ181	Φ235
311 × 245	245	Φ311	Φ247	Φ305

4. 滚子扶正器

滚子扶正器是指在扶正棱上设置了滚动减阻机构的套管扶正器，这种扶正器可将常规扶正器与井壁之间的滑动摩擦改为滚动摩擦，可大幅降低套管柱的入井阻力，常用于大斜度井及水平井，按其滚动机构类型可分为滚轮扶正器和滚珠扶正器。

1）结构原理

滚子扶正器的主体是刚性扶正器，滚动机构设置在扶正棱上。滚轮扶正器是通过滚轮轴将滚轮固定在扶正棱上开设的滚轮孔内，滚轮的滚动方向一般与套管轴线平行。滚珠扶正器则是将钢珠镶嵌在扶正棱上设置的长槽或凹坑内，滚珠可在井壁上沿任意方向滚动。滚轮套管扶正器结构见图1-3-7，滚珠套管扶正器结构见图1-3-8。

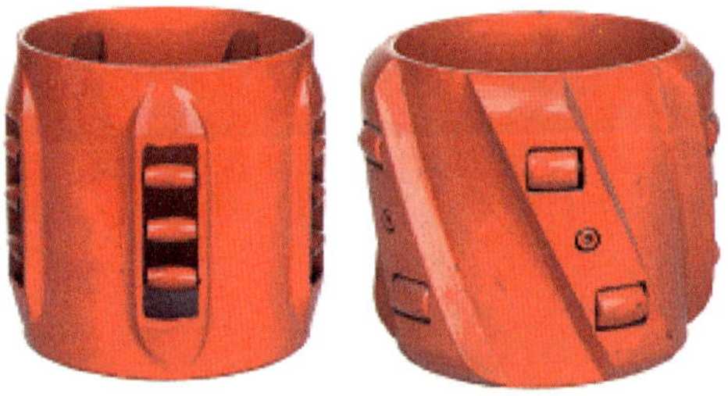

图 1-3-7　滚轮套管扶正器

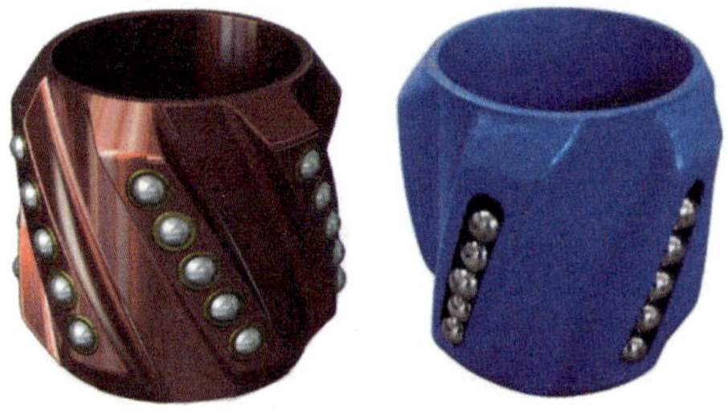

图 1-3-8　滚珠套管扶正器

2）使用方法

使用时，滚轮扶正器套在套管上可以自由转动和在两个接箍之间上下滑动，也可以用固定螺钉或固定环将其固定在套管的某个部位。当用于井壁比较稳定的大斜度井段时，可考虑选用滚轮扶正器；当用于水平井段或者需要旋转下套管的情况时，可考虑选用滚珠扶正器。

3）技术参数

滚轮套管刚性扶正器的性能技术参数见表1-3-7、规格尺寸技术参数见表1-3-8，滚珠套管刚性扶正器规格尺寸技术参数见表1-3-9、性能技术参数见表1-3-10。

表 1-3-7 滚轮套管刚性扶正器性能技术参数

套管尺寸/（in，mm）		井眼尺寸/（in，mm）		技术性能指标			
				轴向抗压强度/kN	径向抗压强度/kN	外径变形量/mm	滚动摩阻系数μ
4 1/2	114.30	6	152.4	≥150	≥50	≤2	≤ 0.05
		6 3/8	161.9	≥150	≥50	≤2	≤ 0.05
5 1/2	139.70	8 1/2	215.9	≥150	≥50	≤2	≤ 0.05
7	177.80	8 1/2	215.9	≥180	≥50	≤2	≤ 0.05
		9 1/2	241.3	≥180	≥50	≤2	≤ 0.05
9 5/8	244.48	12 1/4	311.1	≥180	≥50	≤2	≤ 0.05

表 1-3-8 滚轮套管刚性扶正器规格尺寸技术参数

套管尺寸/（in，mm）		井眼尺寸/（in，mm）		尺寸及允差					
				内径d/mm（0，+2）	最大外径D/mm（±1）	总长度L/mm（−2，+2）	扶正棱宽度/mm	滚轮数量/个	扶正棱数量/个
4 1/2	114.30	6	152.4	Φ117	Φ145	150	40 ± 5	8~10	4
					Φ150	150	40 ± 5	8~10	4
		6 3/8	161.9		Φ155	150	40 ± 5	8~10	4
5 1/2	139.70	8 1/2	215.9	Φ142	Φ200	200	45 ± 5	10~15	5
					Φ205	200	45 ± 5	10~15	5
					Φ210	200	45 ± 5	10~15	5
7	177.80	8 1/2	215.9	Φ180	Φ205	200	45 ± 5	10~15	5
					Φ208	200	45 ± 5	10~15	5
					Φ210	200	45 ± 5	10~15	5
		9 1/2	241.3	Φ180	Φ225	200	45 ± 5	10~15	5
					Φ235	200	45 ± 5	10~15	5
9 5/8	244.48	12 1/4	311.1	Φ248	Φ295	200	50 ± 5	12~18	6
					Φ300	200	50 ± 5	12~18	6
					Φ305	200	50 ± 5	12~18	6

表 1-3-9 滚珠套管刚性扶正器规格尺寸技术参数

套管尺寸/(in，mm)		井眼尺寸/(in，mm)		尺寸及允差						
				内径 d/mm (0，+2)	最大外径 D/mm (±1)	总长度 L/mm	扶正棱宽度/mm	滚珠直径/mm	滚珠数量/(个/棱)	扶正棱数量/个
4 ½	114.30	6	152.4	Φ117	Φ145	120~150	30~35	10	5~6	5
					Φ150	120~150	30~35	10	5~6	5
		6 ⅜	161.9		Φ155	120~150	30~35	12	5~6	5
5 ½	139.70	8 ½	215.9	Φ142	Φ203	180~220	40~45	20	5~6	5~6
					Φ206	180~220	40~45	20	5~6	5~6
					Φ210	180~220	40~45	20	5~6	5~6
7	177.80	8 ½	215.9	Φ180	Φ206	180~200	35~40	10	8~10	6
					Φ208	180~200	35~40	10	8~10	6
					Φ210	180~200	35~40	10	8~10	6
		9 ½	241.3	Φ180	Φ225	180~220	40~45	20	5~6	6
					Φ235	180~220	40~45	20	5~6	6
9 ⅝	244.48	12 ¼	311.1	Φ248	Φ295	180~220	45~50	20	5~6	6
					Φ300	180~220	45~50	20	5~6	6
					Φ305	180~220	45~50	20	5~6	6

表 1-3-10 滚珠套管刚性扶正器性能技术参数

套管尺寸/(in，mm)		井眼尺寸/(in，mm)		技术性能指标			
				轴向抗压强度/kN	径向抗压强度/kN	外径变形量/mm	滚动摩阻系数μ
4 ½	114.30	6	152.4	≥150	≥100	≤1	≤ 0.05
		6 ⅜	161.9	≥150	≥100	≤1	≤ 0.05
5 ½	139.70	8 ½	215.9	≥150	≥100	≤1	≤ 0.05
7	177.80	8 ½	215.9	≥180	≥150	≤1	≤ 0.05
		9 ½	241.3	≥180	≥150	≤1	≤ 0.05
9 ⅝	244.48	12 ¼	311.1	≥180	≥150	≤1	≤ 0.05

5. 半刚性套管扶正器

1）结构原理

半刚性套管扶正器是由薄钢板冲压而成，其扶正部位冲压而凸出，内部为中空结构，当通过缩径井段且轴向载荷超过额定值时，冲压而成的扶正部位可收缩并减小外径，进而可以防止卡死在缩径井段，因此半刚性套管扶正器具备防阻卡能力，其不足在于通过缩径井段缩小外径后，扶正能力降低且不可恢复。其结构见图1-3-9。

图 1-3-9　半刚性套管扶正器

2）使用说明

使用时，将其套装在套管柱外部，依靠套管接箍或定位环轴向固定。下套管过程中如遇到缩径井段发生阻卡时，可尝试活动套管并依靠套管柱悬重对扶正器增加轴向载荷，直到半刚性扶正器扶正部位发生收缩并通过阻卡部位。

3）技术参数

半刚性套管扶正器性能技术参数见表1-3-11、规格尺寸技术参数见表1-3-12。

表 1-3-11　半刚性套管扶正器性能技术参数

套管尺寸/（in，mm）		井眼尺寸/（in，mm）		缩径井眼尺寸/mm	技术性能指标		
					径向抗压强度/N	外径变形量/mm	溃缩起动力/kN
4½	114.30	6	152.4	144.8	≥2064	≤3	≤80
5	127.00	6⅝	168.3	159.9	≥2313	≤3	≤85
5½	139.70	8½	215.9	205.1	≥2758	≤3	≤90
6⅝	168.30	8½	215.9	205.1	≥4267	≤3	≤95
7	177.80	8½	215.9	205.1	≥4626	≤3	≤95
7	177.80	9½	241.3	229.2	≥4626	≤3	≤95
9⅝	244.48	12¼	311.1	295.5	≥7117	≤3	≤220
10¾	273.05	14¾	374.7	356.0	≥4537	≤3	≤240
13⅜	339.73	17½	444.5	422.3	≥5427	≤3	≤300

表 1-3-12　半刚性套管扶正器规格尺寸技术参数

套管尺寸/（in，mm）		井眼尺寸/（in，mm）		扶正棱数量/个	尺寸及允差		
					内径 d/ mm（0，+5）	最大外径 D/ mm（-2，0）	总长度 L/ mm，±5
4½	114.30	6	152.4	4	Φ116	Φ140/Φ145/Φ150	200
5	127.00	6⅝	168.3	4	Φ129	Φ155/Φ160/Φ165	254
5½	139.70	8½	215.9	4	Φ142	Φ200/Φ205/Φ210	254
6⅝	168.30	8½	215.9	5	Φ171	Φ200/Φ205/Φ210	254
7	177.80	8½	215.9	5	Φ181	Φ200/Φ205/Φ210	254
7	177.80	9½	241.3	5	Φ181	Φ225/Φ230/Φ235	254
9⅝	244.48	12¼	311.1	7	Φ247	Φ300/Φ305/Φ308	254
10¾	273.05	14¾	374.7	7	Φ276	Φ360/Φ365/Φ370	254
13⅜	339.73	17½	444.5	9	Φ345	Φ415/Φ425/Φ435	254

6. 液压扶正器

1）结构组成

水平井液压扶正器主要由液压机构、锁紧机构、扶正机构和释放机构组成。液压机构主要由上接头、中心管、锥体活塞、缸套、启动剪钉以及密封圈组成。扶正机构由锥体活塞、扶正块、弹簧和扶正套等组成。锁紧机构由中心管、锁簧和锥体活塞等组成。释放机构由上接头、中心管、释放销钉、释放卡簧、释放剪钉、剪钉环以及挡环等组成。液压扶正器打开前及打开后状态见图1-3-10。

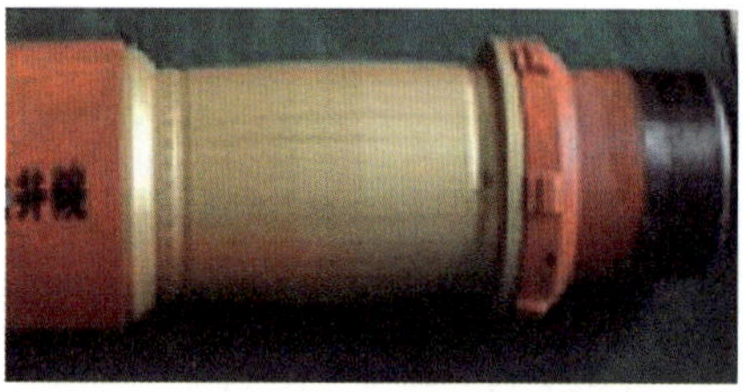

(a)打开前

(b)打开后

图 1-3-10　液压扶正器打开前及打开后状态

2）工作原理

将水平井液压扶正器连接在封隔器上端或下端，下入水平井内设计位置。通过油管施加液压，水平井液压扶正器的液压机构启动，当压力达到设定值时，释放推动块挤压扶正片，在推动块和扶正片顶帽的作用下，扶正片膨胀变形，达到扶正套管的目的，扶正水平井管柱。当油管内压力大于8MPa时，启动剪钉被剪断，锥体活塞在液压力作用下下移，推动锁簧下行，将扶正块推出扶正在套管之上。推动块上带有止退结构，防止推动块回退，保证扶正片的膨胀效果。

同时扶正块与扶正套之间的压簧被压缩而储存能量，当释放扶正力时，起到复位的作用。这时锁簧与中心管上的细螺纹进行斜面锁紧。当液压力消除后锥体活塞与扶正块都无法收回，起到长期有效扶正居中水平井管柱的目的。

3）技术特点

（1）液压扶正器扶正能力强。经计算，单个扶正器扶正力大于7.8kN，地面试验结果表明，该扶正器单个使用可以对2~3根套管起到明显的扶正效果，有效地减少了下入数量，避免了局部刚性过大造成下入困难的问题。

（2）液压扶正器张开后外径可以达到300~330mm，而且扶正片承压能力强，能够有效地支撑井壁，确保套管在井眼内的居中度。

（3）液压扶正器张开后，扶正片可以对水泥浆产生扰流效应，有助于提高顶替效率。

（4）该液压扶正器在整个下套管过程中扶正片不张开，最大外径仅为185mm，没有使整个管串外径明显变大，避免了下套管过程中因外径尺寸大造成遇阻甚至卡钻的危险，保证了施工安全，有利于现场应用。

7. 哈里伯顿公司 Protech™ Ⅱ扶正器

实现套管有效的扶正对于确保固井质量至关重要，固井期间套管的适当居中则是一个关键的环节；然而井眼在扶正器上产生的摩擦力会使套管串难以达到设计深度，特别是在需要使用刚性扶正器且要求摩擦系数超低的水平井。哈里伯顿公司的Protech™ Ⅱ扶正器（图1-3-11）可显著降低摩擦力，使作业者有良好的机会将套管串送达计划井深，同时仍能保持居中度，环空流动几乎不受限制，从而最大限度地提高固井效率。

图 1-3-11　哈里伯顿 Protech™ Ⅱ扶正器

Protech™ Ⅱ扶正器是由陶瓷和碳纤维共混物组成，通过特种胶水直接粘附在套管（图1-3-12）上，具有很高的粘附强度，并且具有优异的井下抗冲击性、韧性和灵活性。扶正器叶片采用非金属复合材料，能够抵抗压缩应力。此外，这种设计不会对耐腐蚀合金（CRA）套管造成电偶腐蚀，也不会因为叶片与套管的集成而滑移或移动。与聚合物和钢产品相比，Protech™ Ⅱ扶正器的摩擦系数为0.08，可以显著降低摩擦力，允许沿套管放置更多扶正器，并确保水泥套的最佳位置。

Protech™ Ⅱ扶正器是可定制的，可以解决特定井的问题。由于Protech™ Ⅱ扶正器叶片的间距和几何形状是根据特定的井眼进行定制的，因此它们可以提供一个完整的扶正圆周，同时不限制流动路径。扶正器叶片可以被塑造成任何几何形状，并且设计了低角度的翻转，以帮助将套管抬升远离障碍物。由于叶片可以交错放置在任何位置，并且直接与套管结合，因此可以比传统扶正器获得更大的流量。这种改进的流动路径和更低的等效循环密度（ECD）可以更有效地去除滤饼，进一步提高固井顶替效率，并使水泥环均匀分布，实现全面有效的层间隔离。

图 1-3-12　粘附在套管上的 Protech™ Ⅱ扶正器

第四节　固井胶塞

1. 常规固井胶塞

1）概述

常规固井胶塞是指安装于套管水泥头内具有多级盘翼状结构的弹性体，在固井注水泥作业过程中起到隔离、刮拭、碰压作用。其按作用可分为固井上胶塞、固井下胶塞，具有防转功能的称为防转胶塞。常规固井胶塞的主要作用包括：隔开不同的液体，刮净套管内壁上的钻井液或水泥浆；在注水泥完毕完成碰压时给出碰压信号，提示注水泥工序结束；与碰压座配合使用可确保套管内水泥塞的长度和套管鞋附近水泥环的质量。

2）结构原理

常规固井胶塞主要由芯体、胶皮碗和帘布层组成。胶塞芯体一般用铸铝、玻璃钢或硬质橡胶等可钻除材料制成，可以增加胶塞承压能力；胶塞皮碗则由橡胶硫化在芯体之外，主要用以在压力作用下紧贴套管内壁并起到刮拭钻井液或水泥浆的作用，此外还具有良好的密封性以隔离其两端的不同液体以防止混浆。

固井上胶塞芯部为实体结构，见图 1-4-1、图 1-4-2，其在套管内可以承受单向高压，碰压时可以在碰压座或阻流板的承托下密闭管柱下部。固井下胶塞则为空芯结构，其端部有一层橡胶薄膜。在碰压座或阻流板的承托下，该薄膜在压力作用下可以破裂，流体可以在其破裂后经由下胶塞芯部管道继续流动，固井下胶塞结构见图 1-4-3、图 1-4-4。

图 1-4-1 固井上胶塞（橡胶）

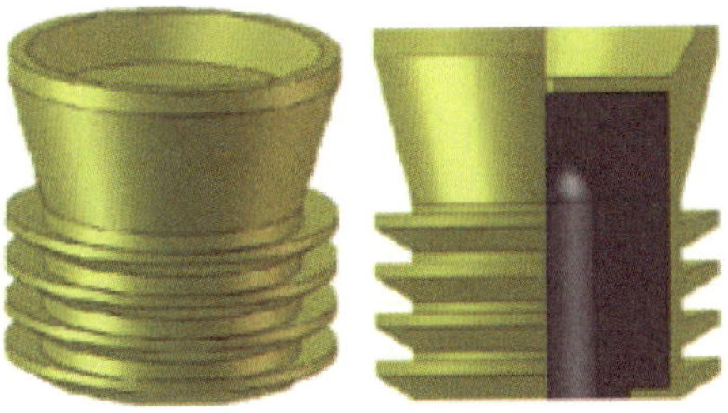

图 1-4-2 固井上胶塞（聚氨酯）

图 1-4-3 固井下胶塞（橡胶）

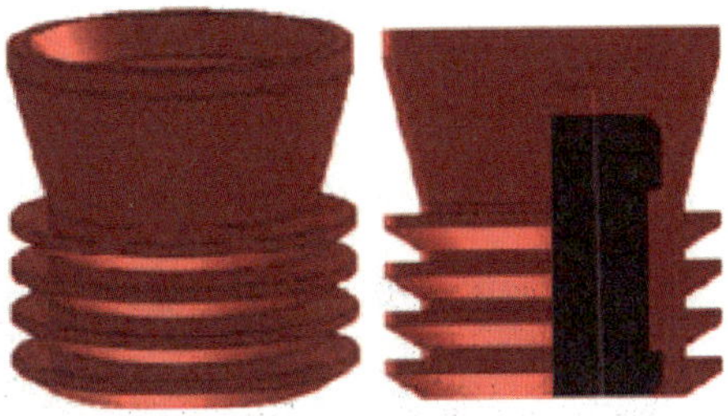

图 1-4-4 固井下胶塞（聚氨酯）

3）技术参数

常规固井胶塞技术参数见表1-4-1。

表 1-4-1 常规固井胶塞技术参数

mm

规格	最大外径		唇部直径		主体直径		长度	
	橡胶	聚氨酯	橡胶	聚氨酯	橡胶	聚氨酯	橡胶	聚氨酯
127	Φ127	Φ125	Φ120	Φ116	Φ90	Φ90	190	190
140	Φ140	Φ135	Φ133	Φ130	Φ102	Φ98	200	200
178	Φ180	Φ173	Φ170	Φ168	Φ132	Φ130	230	230
194	Φ195	Φ192	Φ185	Φ184	Φ148	Φ145	240	230
244	Φ246	Φ240	Φ235	Φ234	Φ193	Φ187	260	230
273	Φ277	Φ270	Φ265	Φ263	Φ212	Φ209	298	260
340	Φ346	Φ336	Φ330	Φ329	Φ267	Φ265	300	305
508	Φ515	Φ510	Φ500	Φ496	Φ430	Φ428	450	430

4）使用要求

（1）固井胶塞使用时安装于固井水泥头容塞腔，安装前应关闭水泥头挡销。

（2）双塞固井时，固井下胶塞应在水泥头内安装于上胶塞下部，二者不要装错位置，否则会造成严重憋泵事故。

（3）冬季使用胶塞时，应在水泥头内壁涂抹润滑脂，防止胶塞与水泥头内壁之间冻结。

2. 防转固井胶塞

1）概述

防转固井胶塞是在常规固井胶塞端部设置了防转结构，在后续钻除时可防止跟随钻头转动，从而提高钻除效率。

2）结构原理

防转胶塞主要由胶塞体、防转结构组成。防转胶塞在其头部设置锯齿状或花瓣状凸起，单塞固井时，防转胶塞头部的防转凸起结构可与浮箍阻流板上的锯齿状或花瓣状凹陷相互配合，当钻除时可防止其跟随钻头转动。防转下胶塞尾部为凹陷的防转结构，可与头部凸起防转结构配合。锯齿式防转胶塞结构见图1-4-5，花瓣式防转胶塞结构见图1-4-6、图1-4-7。

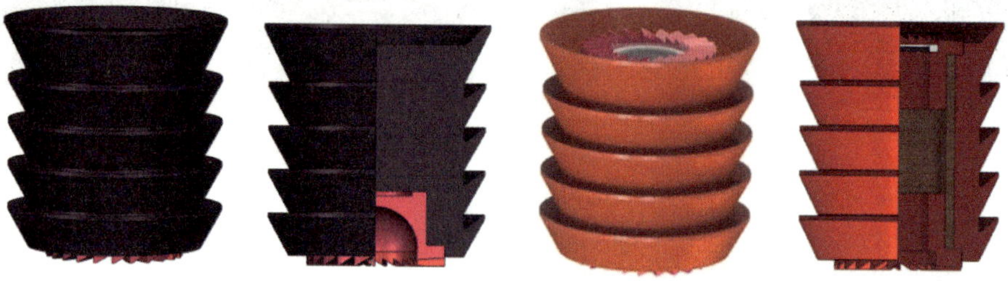

图 1-4-5　锯齿式防转上胶塞、下胶塞（橡胶）

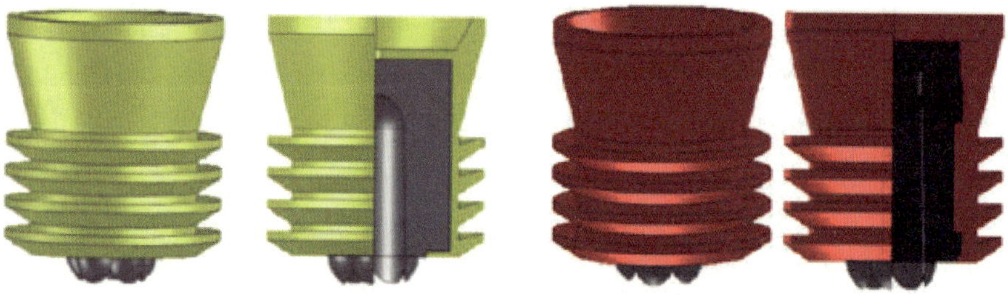

图 1-4-6　花瓣式防转上胶塞、下胶塞（聚氨酯）

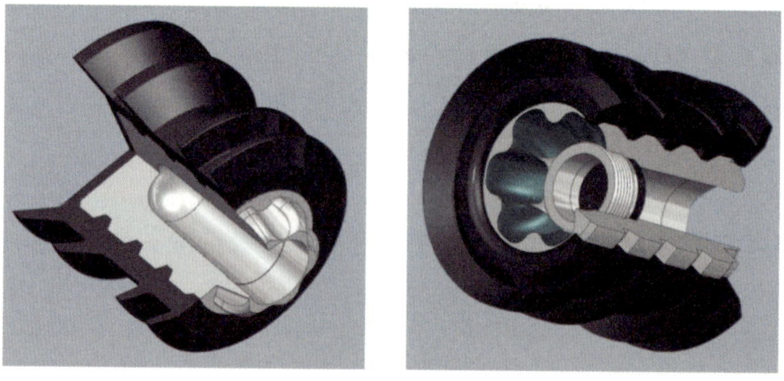

图 1-4-7　花瓣式防转上胶塞、下胶塞（橡胶）

3. 分级固井胶塞

1）概述

分级固井胶塞是指用于分级固井作业的固井胶塞，按其作用可分为挠性塞、打开塞和关闭塞，主要是配合分级注水泥器（分级箍）一起使用。

2）挠性塞

挠性塞是在分级固井过程中用来完成一级注水泥的专用胶塞，需要配合挠性塞座一起使用。其主要由多个橡胶制成的皮碗和铝质引导头组成，由于在固井过程中挠性塞需要顺利通过分级箍内部缩径部位，因此胶塞主体直径与常规固井胶塞相比较小，而胶塞皮碗直径尺寸仍需保持能够与套管内壁紧密接触，因此整个胶塞具有良好的挠度。挠性塞结构见图1-4-8。

图 1-4-8 挠性塞及碰压座

使用时，将挠性塞碰压座安装于套管柱指定位置，挠性塞安装于水泥头内部。进行注水泥作业完毕后，打开水泥头挡销并将挠性塞压入井内，随后进行替浆作业，当挠性塞下行至挠性塞碰压座位置时，替浆压力升高，完成碰压并提示一级固井结束。

3）打开塞

打开塞也称顶替型打开塞，是指在分级固井过程中用来打开分级箍循环孔的专用胶塞，其尾部设置的尾座可与分级箍内的打开套配合，在压力作用下可剪断打开套销钉并使打开套下移露出循环孔。打开塞主要用于连续式分级注水泥作业。打开塞结构见图1-4-9。

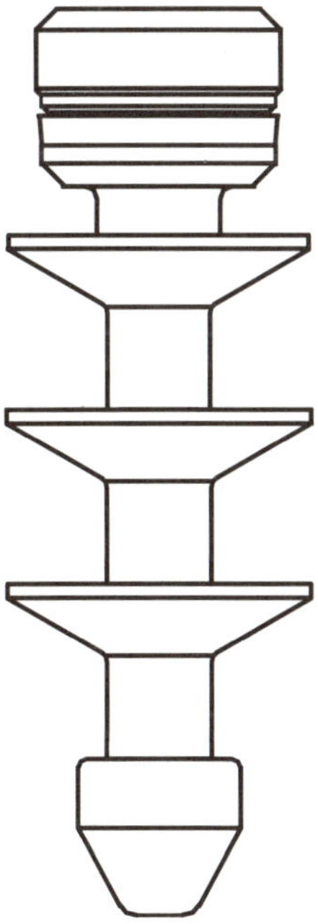

图 1-4-9 打开塞

使用时，先注第一级水泥浆后压挠性塞并进行顶替，达到设计顶替量后压入顶替型打开塞并继续顶替，当顶替型打开塞位移至分级箍处时，其尾座与打开套配合，继续加压剪断销钉，打开套下移露出循环孔，此时建立分级箍循环，然后即可注入二级水泥浆并完成后续作业。

4）关闭塞

关闭塞是指在分级固井过程中用来关闭分级箍循环孔的专用胶塞，其结构与常规固井胶塞类似，区别在于其头部设置可与分级箍关闭套配合的结构，在完成二级注水泥作业后压入关闭塞，当其下移至分级箍位置时，其关闭结构与关闭套配合形成密封，继续加压可剪断关闭套销钉，然后关闭套下行关闭循环孔，随后压力升高完成碰压，提示二级注水泥作业结束。关闭塞结构见图1-4-10，关闭塞使用工艺流程见图1-4-11。

图 1-4-10　关闭塞

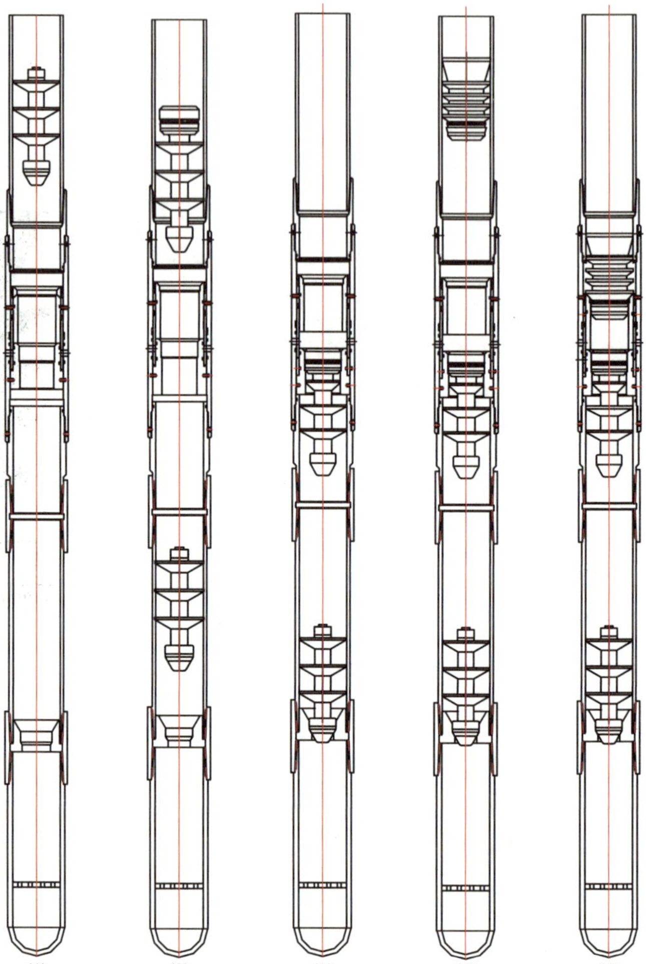

图 1-4-11　连续式分级注水泥作业流程

流程说明：

（1）注入第一级水泥浆，压入挠性塞并进行顶替；

（2）压入顶替型打开塞，继续顶替；

（3）顶替型打开塞移至分级箍打开套，加压剪断销钉，打开套下移打开循环孔；

（4）注入第二级水泥浆，压入关闭塞，进行顶替；

（5）关闭塞移至分级箍关闭套，加压剪断销钉，关闭套下移关闭循环孔。

4. 尾管固井胶塞

1）概述

进行尾管固井作业时，尾管首先需要利用送入钻杆将其送至井内预定位置，然后通过尾管悬挂器将其坐挂在上层套管内壁上，随后通过钻杆泵注水泥浆完成固井作业。而在固井过程中，钻杆柱及尾管柱内的钻井液及水泥浆均需要使用固井胶塞进行隔离，在钻杆柱内使用钻杆胶塞，在尾管柱内则使用尾管胶塞。

2）钻杆胶塞

钻杆胶塞是指用钻杆柱进行注水泥作业时，用于隔离钻具内钻井液与水泥浆的胶塞。其主要由多个橡胶皮碗、密封引导头、芯体等组成，其结构见图1-4-12。橡胶皮碗外缘可与钻杆柱内壁紧密接触，起到扶正胶塞体、隔离上下钻井液和水泥浆、刮拭钻杆内壁的作用。密封引导头为圆锥形结构，其外壁设置密封圈，可与尾管胶塞上设置的密封座配合形成密封，为了防止与尾管胶塞复合后发生脱离，密封引导头上还设置了弹性卡环，与尾管胶塞复合后卡环可将钻杆胶塞锁紧在尾管胶塞座内的卡槽上。

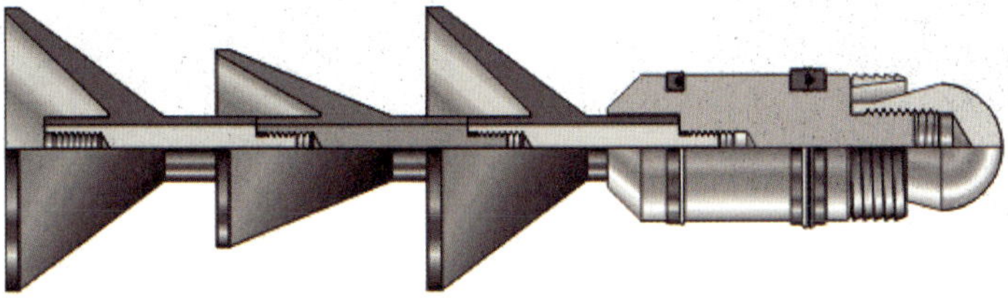

图 1-4-12　钻杆胶塞

3）尾管胶塞

尾管胶塞是指预装在尾管悬挂器上的一个空芯胶塞。其与钻杆胶塞配合使用，在尾管内隔离钻井液与水泥浆，同时在顶替水泥浆结束时起碰压作用。尾管胶塞由短节、尾座、胶塞体、芯管、碰压头、卡环、剪切销钉、密封圈等组成，结构见图1-4-13。短节上端通过丝扣连接悬挂器芯管下端，短节下端通过剪切销钉连接尾管胶塞尾座，尾座内设置卡槽，可与钻杆胶塞头部的卡环配合；胶塞体为多个皮碗状空芯结构，其内部设置芯管；碰压头上设置密封圈和卡环，可与碰压座配合并形成密封。使用时，钻杆胶塞在钻杆内下行至尾管胶塞处时，钻杆胶塞头部与尾管胶塞尾座复合，加压剪断剪切销钉，钻杆胶塞与尾管胶塞的复合体在尾管内继续下行，直至位移到碰压座完成碰压。

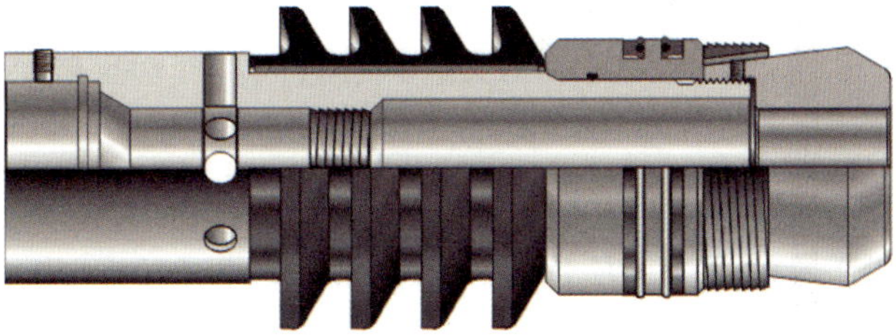

图 1-4-13　尾管胶塞

5. 自锁式固井胶塞

常规固井胶塞完成碰压后，如果浮箍浮鞋功能失效，水泥浆将会倒流入套管内，导致留水泥塞情况发生，为了避免该情况发生，产生了一种自锁式固井胶塞。自锁式固井胶塞主体结构与常规固井胶塞类似，区别在于其头部设置有自锁结构，可与专用碰压座配合形成自锁，防止在回压作用下上行，减小固井后留水泥塞的风险。自锁式固井胶塞结构见图1-4-14。

6. 变径复合固井胶塞

在使用复合套管的情况下，常规固井胶塞无法满足正常固井需要，由此产生了一种变径复合固井胶塞，这种胶塞设置有多个不同直径的皮碗，在不同内径的套管内均可实现固井胶塞的隔离、刮拭和碰压功能。这种胶塞结构见图1-4-15。

图 1-4-14　自锁式固井胶塞

图 1-4-15　变径复合固井胶塞

第五节　套管鞋

1. 普通套管鞋

1）结构原理

套管鞋是上端与套管螺纹相接，下端具有内侧倒角的短节，也可以设置内螺纹与具有外螺纹的套管引鞋相连，通常适用于表层套管或技术套管。其作用是避免在后续钻进中起钻时钻具挂碰套管底端，达到保护钻具和套管的目的。

图 1-5-1　套管鞋

套管鞋可由同类尺寸的高钢级套管接箍改制或由35CrMo无缝钢管加工而成，其下端内侧加工大倒角，在起钻时用以引导钻具或钻头进入套管内。套管鞋的结构见图1-5-1。

2）使用方法

使用前应检查套管鞋本体有无磕碰变形，底部倒角是否规范；使用时，将套管鞋安装在套管柱底端，并按规定扭矩旋紧，入井过程中避免磕碰。

3）技术参数

套管鞋技术参数见表1-5-1。

表 1-5-1 套管鞋技术参数

mm

规格	177.8	244.5	273	339.7	508
最大外径	Φ195	Φ270	Φ299	Φ365	Φ533
内倒角尺寸	8 × 45°	10 × 45°	10 × 45°	10 × 45°	10 × 45°
长度	230	270	270	270	280

2. 多功能套管鞋

1）结构原理

水平井专用多功能套管鞋主要由三大模块构成：自旋转下套管模块、旋流振动固井模块和碰压关井模块。其中，自旋转下套管模块主要利用偏心旋转头在受力不均下可以自由旋转的工作原理引导套管柱顺利下入，旋流振动固井模块利用压力波的周期变化产生振动波的工作原理来提高水平段的顶替效率，碰压关井模块则是利用滑套原理来实现碰压后套管的硬关井。其结构见图1-5-2。

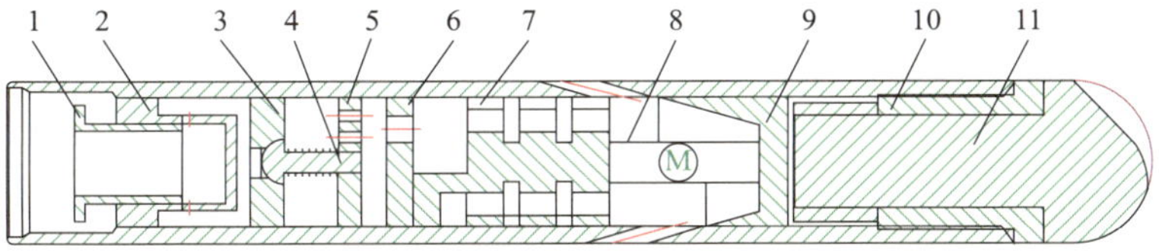

图 1-5-2 多功能套管鞋结构图

1—滑套；2—固定座；3—凡尔座；4—凡尔杆；5—分流底座；6—分流板；7—旋转叶片；8—集成电机；9—承托底座；10—固定套；11—偏心旋转头

自旋转下套管模块主要由偏心旋转头和固定套等组成。其中偏心旋转头可以自由旋转，由于其特殊偏心角的设计可以实现其遇阻时受力的不均衡性，进而在阻力的反作用下发生旋转作用，以最适宜的角度越过障碍物。该偏心旋转头由特殊复合材料制成，能够有效地保证其强度和韧度，同时降低其与固定套之间的旋转阻力，确保其顺利穿越障碍物。

旋流振动固井模块主要由分流板、旋转叶片、集成电机和承托底座等组成，其中旋转叶片在集成电机的带动下做一定周期的旋转运动。一方面，给管内液体增加一定的动能，并形成旋流效应，通过壳体上的循环孔进入管外；另一方面，随着旋转叶片的运动，分流板会产生周期性压力波，引起管柱径向振动，从而提高顶替效率，避免微间隙的产生。

碰压关井模块主要由滑套、固定座、凡尔座、凡尔杆和分流底座等组成。其中凡尔座、凡尔杆和分流底座主要用来实现反向截流和正向引流的功能，防止流体倒返。滑套和固定座主要用于碰压关井，当固井胶塞下行至滑套上端面时产生碰压，推动滑套下行关闭固定座上的循环孔实现井底永久性关井。

2）技术参数

多功能套管鞋主要参数见表1-5-2，主要技术指标见表1-5-3。

表1-5-2 多功能套管鞋主要参数

mm

规格型号	最大外径	通径	总长	重量
139.7	Φ154	Φ120	1000	51
177.8	Φ198	Φ156	1200	63

表1-5-3 多功能套管鞋主要技术指标

技术指标/mm	139.7	177.8
反向密封压力/MPa	20	25
抗拉能力/t	270	390
抗外挤强度/MPa	90	70
抗内压强度/MPa	90	70
关井压力/MPa	3~5	3~5

3）技术特点

（1）引导头自旋转技术有助于水平井套管顺利下入。

（2）振动固井技术有助于提高水平井注水泥顶替效率。

（3）滑套技术有助于确保水平井固井关井成功率。

4）使用方法

在现场应用时，多功能套管鞋的安装和操作按照以下步骤进行：

（1）将该工具连接至套管串底部；

（2）在套管串进入斜井段或水平段时，减缓下放速度；

（3）若发生管串遇阻，可以向上提起管串1~2m，然后继续下入；

（4）在下入过程中若再次遇到障碍物，可以重复按照③来操作；

（5）将管串下入至预定位置后，开泵小排量顶通；

（6）循环两周，管内泥浆经工具处获得振动波旋流至环空；

（7）注水泥，水泥浆经工具处获得振动波旋流至环空；

（8）投胶塞；

（9）替浆，工具流道在开合之间产生压力波使得管串径向振动，提高顶替效率；

（10）胶塞下行至工具上端面碰压，剪断关闭套销钉，滑套下行实现硬关井，防止水泥浆倒返。

第二章 特殊套管附件

第一节 插入式固井附件

1. 概述

插入式固井附件是指在大直径套管内，以钻杆或油管作内管，水泥浆通过内管注入并从套管鞋处返至环形空间的注水泥装置。它主要由插入头和插座（内插式浮箍、内插式浮鞋）两部分组成。本节主要介绍了用于插入式固井的插入头和插入座。

2. 插入头

1）结构原理

插入头上端为钻杆母扣螺纹，下端为与插座配合的密封面及密封圈，在母扣外径上通常带有扶正肋条。结构见图2-1-1。插入头上端钻杆母扣螺纹可与钻杆柱相连，下端有与插座配合的密封面及密封圈，可与插座配合实现密封，在母扣外径上设置的扶正肋条，能够在内插固井时使插头居中，确保其更容易插入插座内。

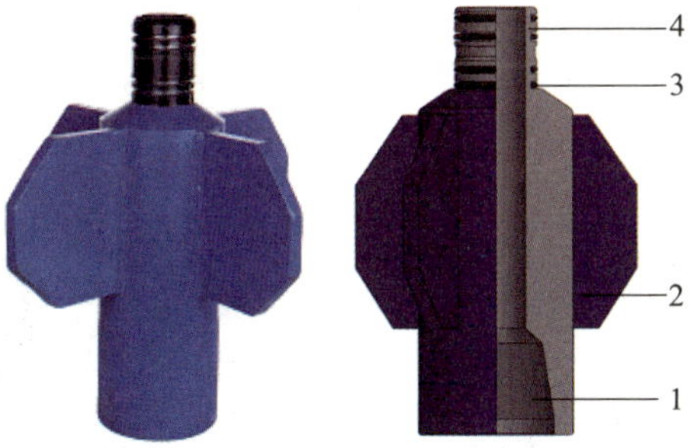

图2-1-1 插入头结构图

1—钻杆母扣；2—扶正肋条；3—密封圈；4—插头

2）技术参数

插入头技术参数见表2-1-1。

表 2-1-1　插入头技术参数

mm

规格代号	总长 L	本体最大外径 D	扶正翼外径 D_m	配合段长度 L_1'	密封圈数量	插入头外径 d_1	连接螺纹
244（$9\frac{3}{8}$ in）	400~550	Φ156~Φ168	Φ204~Φ225	≥100	≥3	60~80	NC50
273（$10\frac{3}{4}$ in）	400~550	Φ156~Φ168	Φ232~Φ255	≥100	≥3	60~80	NC50
298（$11\frac{5}{8}$ in）	400~550	Φ156~Φ168	Φ267~Φ278	≥100	≥3	60~80	NC50
340（$13\frac{5}{8}$ in）	400~550	Φ156~Φ168	Φ299~Φ319	≥100	≥3	60~80	NC50
406（16 in）	400~550	Φ156~Φ168	Φ378~Φ384	≥100	≥3	60~80	NC50
473（$18\frac{5}{8}$ in）	400~550	Φ156~Φ168	Φ402~Φ447	≥100	≥3	60~80	NC50
508（20 in）	400~550	Φ156~Φ168	Φ472~Φ482	≥100	≥3	60~80	NC50

注：L_1' 为插入头配合段长度。

3）使用方法

使用前应检查插入头密封圈是否完好无损，检查扶正肋条最大外径是否与套管配套，将插入头与钻杆柱下端相连，按规定扭矩上紧，插入头密封垫处涂抹润滑脂，减小插入时的阻力。

3. 插入座

1）结构原理

插入座通常为插入式浮箍或插入式浮鞋，即在浮箍或浮鞋上部设置与插入头配套的插座，按内部结构划分，常用的有两种，铝芯弹簧式（图2-1-2）和水泥填充式（图2-1-3）。插入座本体均设有连接螺纹可与套管相连，插座可与插入头配合实现密封，防止注入的液体由内管柱进入套管内。单向阀能确保水泥浆仅由内管柱向套管外环空导通，可防止注水泥完毕后水泥浆由套管外返回套管内，确保完成内管固井后内管柱能够顺利提出。

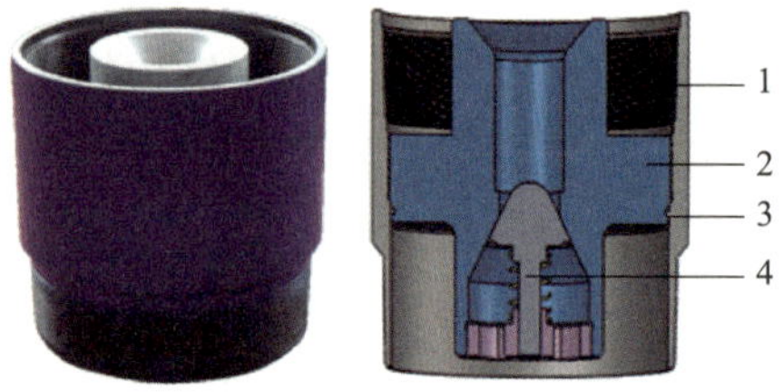

图 2-1-2　铝芯弹簧式插入式浮箍结构图

1—本体；2—插座；
3—密封圈；4—单向阀

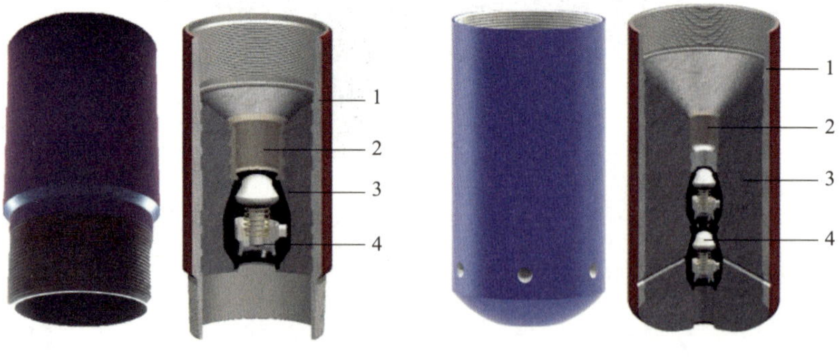

图 2-1-3　水泥填充插入式浮箍浮鞋结构图

1—本体；2—插座；3—水泥石；4—单向阀

2）使用方法

（1）将内插浮鞋连接在套管底部。

（2）下套管过程中应及时向套管内灌满钻井液。

（3）连接钻杆插头、钻杆及套管扶正器，按常规要求下放钻柱。

（4）计算钻柱到达插座时的悬重，施加于插座的压力值为50~60kN。

（5）缓慢下放钻具并加压至预定值，开泵观察泵压及套管内钻井液是否外溢，若不外溢，压紧刹把，正常循环；否则，重新插入插座，直至套管内钻井液无外溢，循环正常。

（6）按设计组织固井施工，结束后立即上提钻柱4~5m，开泵，循环洗出多余水泥浆。

（7）起出全部钻柱。

3）技术参数

插入式浮箍、浮鞋技术参数见表2-1-2。

表 2-1-2 插入式浮箍、浮鞋技术参数

mm

规格代号	总长 L	L_1	最大外径 D	水眼直径 d_1
244（9 5⁄8 in）	400~700	$L_1>L_1'$	Φ269.88	Φ60~80
273（10 5⁄4 in）	400~700		Φ298.45	Φ60~80
298（11 5⁄4 in）	400~700		Φ323.85	Φ60~80
340（13 5⁄8 in）	450~700		Φ365.12	Φ60~80
406（16 in）	450~700		Φ431.80	Φ60~80
473（18 5⁄5 in）	450~700		Φ508.00	Φ60~80
508（20 in）	450~700		Φ533.40	Φ60~80

注：L_1' 为插入头配合段长度。

第二节 水泥伞

1. 概述

水泥伞是井下套管串的一种附件，一般安装在薄弱地层上部或分级注水泥器下部，防止环空水泥浆下沉和支撑液柱压力，按其结构形式可分为漏斗型和灯笼型两种形式。本节主要介绍了两种形式水泥伞的结构原理、技术参数及使用方法。

2. 漏斗型水泥伞

1）结构原理

漏斗型水泥伞主要由箍环、伞形弹簧片和伞布组成，形状类似一把倒置的无柄伞，伞形弹簧片固定在箍环上，伞布则呈漏斗状固定在弹簧片内部，环空受到浆柱压力时，伞形弹簧片张开并支撑在井壁上，由此可承托浆柱防止其下沉，漏斗型水泥伞结构见图2-2-1。

图 2-2-1　漏斗型水泥伞结构图

2）技术参数

漏斗型水泥伞技术参数见表2-2-1。

表 2-2-1　漏斗型水泥伞技术参数

mm

规格	长度	通径	外径
114.3	580	Φ117	Φ155
127.0	580	Φ130	Φ155
139.7	580	Φ142	Φ225
177.8	580	Φ182	Φ250
244.5	580	Φ248	Φ320
273.1	580	Φ276	Φ301
339.7	580	Φ345	Φ460
508.0	580	Φ512	Φ680

3）使用方法

（1）漏斗型水泥伞使用时套装于套管外部，其下部采用定位环定位，伞布开口朝上。

（2）用于防止或减少水泥浆向薄弱地层漏失时，应安装在薄弱地层上部且井眼规则的井段。

（3）用于分级固井以防止水泥浆下沉时，应安装在分级箍下部且井眼规则的井段。

（4）套管下放过程中应避免上提管柱，防止损坏水泥伞弹簧片。

3. 灯笼型水泥伞

1）结构原理

灯笼型水泥伞主要由箍环、弓形弹簧片和伞布组成，外形类似腰鼓形状，弓形弹簧片两端固定在箍环上，伞布位于弓形弹簧片内部，一端固定在一只箍环上，另一端固定在弓形弹簧片中部。当其在井眼环空内受到上方的液柱压力时，伞布则张开承托液柱。由于其形状特点，在下套管过程中进行上提管柱不会损坏伞布。其结构见图2-2-2。

图 2-2-2　灯笼型水泥伞结构图

2）技术参数

灯笼型水泥伞技术参数见表2-2-2。

表 2-2-2　灯笼型水泥伞技术参数

mm

规格	长度	通径	外径
114.3	500	Φ117	Φ155
127.0	500	Φ130	Φ155
139.7	500	Φ142	Φ225
177.8	500	Φ182	Φ250
244.5	950	Φ248	Φ320
273.1	950	Φ276	Φ301
339.7	950	Φ345	Φ460
508.0	950	Φ512	Φ680

3）使用方法

（1）灯笼型水泥伞使用时套装于套管外部，其两端采用定位环定位，伞布开口朝上。

（2）用于防止或减少水泥浆向薄弱地层漏失时，应安装在薄弱地层上部且井眼规则的井段。

（3）用于分级固井以防止水泥浆下沉时，应安装在分级箍下部且井眼规则的井段。

第三节　刮泥器

刮泥器是安装在注水泥封固井段套管外部，用于清除井壁上的滤饼，以提高水泥环与地层的胶结强度的一种机械装置。刮泥器分为往复式和旋转式两种类型。

1. 往复式刮泥器

1）结构原理

往复式刮泥器由径向钢丝或钢丝绳和卡箍组成，卡箍通过锁销或螺栓固定在套管上，钢丝或钢绳固定在接箍上，钢丝或钢绳另一侧可与井壁接触，靠套管往复运动将滤饼清除。结构见图2-3-1。

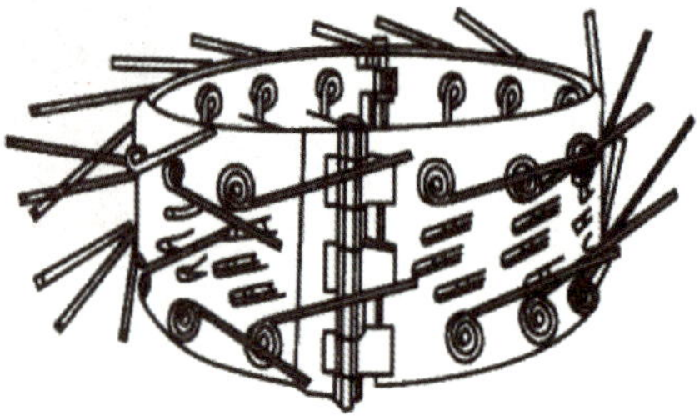

(a)钢丝型

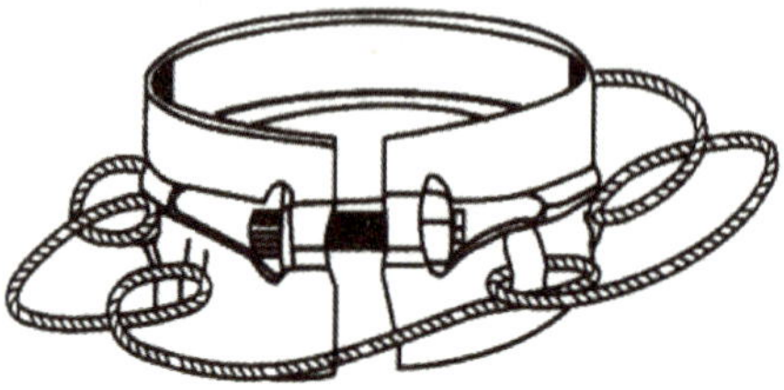

(b)钢绳型

图 2-3-1 往复式刮泥器

2）技术参数

往复式钢丝型刮泥器技术参数见表2-3-1，往复式钢绳型刮泥器技术参数见表2-3-2。

表 2-3-1 往复式钢丝型刮泥器技术参数

mm

套管尺寸	最小井眼尺寸	钢丝展开外径
Φ139.7	Φ171.5	Φ308
Φ177.8	Φ222	Φ333

表 2-3-2 往复式钢绳型刮泥器技术参数

mm

套管尺寸	最小井眼尺寸	钢丝展开外径
Φ139.7	Φ184	Φ254
Φ177.8	Φ222	Φ279

3）使用方法

使用时，将刮泥器固定在需要注水泥封固深度所对应的套管柱外部，根据需要确定每根套管的安装数量，必要时可以采用定位环定位。当套管下至设计井深后，可以根据需要上下活动套管以清除井壁泥饼，活动距离一般应大于一根套管的长度，活动次数根据需要确定。

2. 旋转式刮泥器

1）结构原理

旋转式刮泥器由径向钢丝或钢丝绳和直杆组成，安装在套管柱上，在旋转中将滤饼清除。旋转式钢绳型刮泥器结构见图2-3-2。

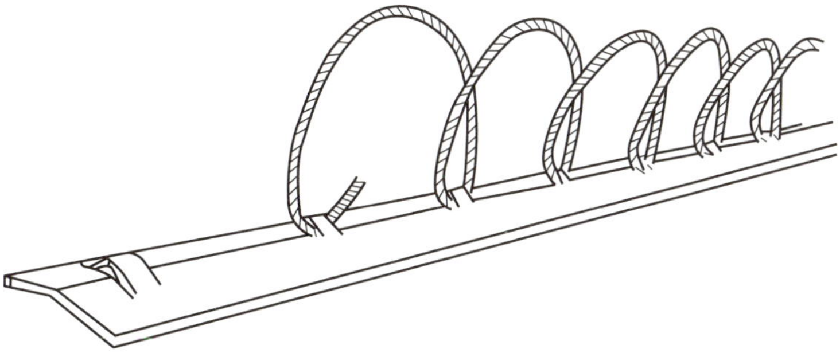

图 2-3-2　旋转式钢绳型刮泥器

2）使用方法

使用时，将刮泥器固定在需要注水泥封固深度所对应的套管柱外部，根据需要确定每根套管的安装数量。当套管下至设计井深后，可以根据需要边上下活动套管、边旋转套管，活动距离一般应大于一根套管的长度，活动次数根据需要确定。

第四节　定位环

1. 概述

定位环也称限位环、止动环，是一种安装于套管外部用以限位套管扶正器、水泥伞或刮泥器等套管外附件的机械装置，按其作用方式可分为敲击式、顶丝式、螺栓式和胀紧钉式。

2. 敲击式定位环

1）结构原理

敲击式定位环由两片弧形弓片组合而成，弓片内壁设置定位卡块，两片弓片一端互相挂接，其中一个弓片的另一端设置弯钩，另一片设置环形卡槽，弯钩可敲击伸直顶住卡槽并锁紧。敲击式定位环的结构原理图见图2-4-1。

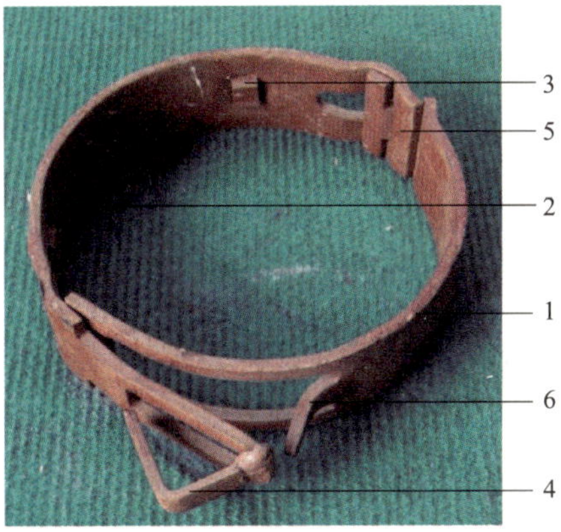

图 2-4-1　敲击式定位环

1—挂接弓片；2—锁紧弓片；3—定位卡块；4—弯钩；5—挂接部；6—挡片

2）使用方法

使用时，将挂接弓片1和锁紧弓片2的挂接部5进行连接，然后安装在套管特定位置，随后用锤头敲击弯钩4，使其伸直并顶紧挂接弓片1端部的卡槽，直至将其锁紧在套管上，最后将挡片6敲平压住弯钩4的尾端防止其翘起，此时定位卡块3可卡住套管本体，防止其轴向移动。

3）技术参数

敲击式定位环技术参数见表2-4-1。

表 2-4-1　敲击式定位环技术参数

规格/in	20	13 3/8	10 3/4	9 5/8	7 5/8	7	6 5/8	5 1/2	5	4 1/2
内径/mm	Φ508	Φ340	Φ273	Φ245	Φ193	Φ178	Φ168	Φ140	Φ127	Φ114
外径/mm	Φ522	Φ352	Φ284	Φ256	Φ205	Φ190	Φ180	Φ150	Φ137	Φ124
高度/mm	200	200	120	80	80	80	50	50	50	50
止动力/kN	40	40	40	40	30	30	30	30	24	24

3. 顶丝式定位环

1）结构原理

顶丝式定位环由箍环和顶丝组成，顶丝均匀分布在箍环侧壁之上。其原理是依靠顶丝将箍环固定在套管上防止轴向移动。其结构见图2-4-2。

图 2-4-2　顶丝式定位环

2）使用方法

使用时，将定位环套装在套管指定位置，然后使用六方扳手依次对称将顶丝拧紧。

3）技术参数

顶丝式定位环技术参数见表2-4-2。

表 2-4-2　顶丝式定位环技术参数

规格/in	20	13 3/8	10 3/4	9 5/8	7 5/8	7	6 5/8	5 1/2	5	4 1/2
内径/mm	Φ513	Φ344	Φ277	Φ248	Φ196	Φ181	Φ171	Φ142	Φ129	Φ117
外径/mm	Φ527	Φ356	Φ288	Φ259	Φ208	Φ192	Φ182	Φ151	Φ139	Φ126
高度/mm	200	200	120	80	80	80	50	50	50	50
止动力/kN	40	40	40	40	30	30	30	30	24	24

4. 螺栓式定位环

1）结构原理

螺栓式定位环由对开式箍环和紧固螺栓组成，对开式箍环可卡装在套管外部，然后依靠紧固螺栓将卡箍紧固。其结构见图2-4-3。

图 2-4-3 螺栓式定位环

2）使用方法

使用时，首先将定位环卡套在套管外部指定位置，然后将螺栓穿入卡箍端部的螺栓孔内，最后使用扳手将螺栓拧紧。由于该类定位环内壁没有卡牙，主要依靠摩擦力定位，因此止动效果弱于其他类型的定位环。

3）技术参数

螺栓式定位环技术参数见表2-4-3。

表 2-4-3 螺栓式定位环技术参数

规格/in	20	13 3/8	10 3/4	9 5/8	7 5/8	7	6 5/8	5 1/2	5	4 1/2
内径/mm	Φ508	Φ340	Φ273	Φ245	Φ193	Φ178	Φ168	Φ140	Φ127	Φ114
外径/mm	Φ520	Φ352	Φ283	Φ255	Φ203	Φ188	Φ178	Φ150	Φ137	Φ124
高度/mm	200	200	120	80	80	80	50	50	50	50
止动力/kN	40	40	40	40	30	30	30	30	24	24

5. 胀紧钉式定位环

1）结构原理

胀紧钉式定位环主要由箍环、锁销和胀紧钉等部分组成，箍环为铰链对开式结构，其一端通过铰链相连，另一端设置锁销孔并通过开口销相连，箍环侧壁开设通孔并设置胀紧钉凹槽，依靠胀紧钉楔入凹槽实现锁紧定位。其结构见图2-4-4。

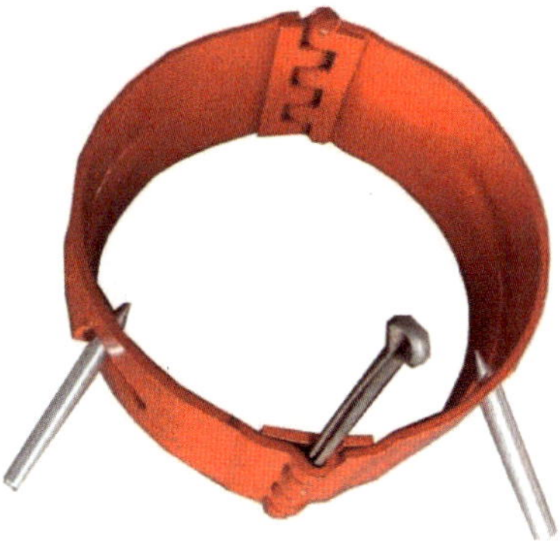

图 2-4-4 胀紧钉式定位环

2）使用方法

使用时，将箍环卡套在套管指定位置，然后使用开口销穿入销孔将定位箍环闭合，最后将胀紧钉依次通过箍环侧壁的开孔敲入凹槽内，直至将箍环锁定在套管上。

3）技术参数

胀紧钉式定位环技术参数见表2-4-4。

表 2-4-4 胀紧钉式定位环技术参数

规格/in	20	13 3/8	10 3/4	9 5/8	7 5/8	7	6 5/8	5 1/2	5	4 1/2
内径/mm	Φ508	Φ340	Φ273	Φ245	Φ193	Φ178	Φ168	Φ140	Φ127	Φ114
外径/mm	Φ520	Φ352	Φ283	Φ255	Φ203	Φ188	Φ178	Φ150	Φ137	Φ124
高度/mm	200	200	120	80	80	80	50	50	50	50
止动力/kN	40	40	40	40	30	30	30	30	24	24

第五节　套管地锚

1. 概述

套管地锚是将套管柱底端与地层锚定在一起，以实现提拉预应力固井作业的一种特殊装置。

套管地锚适用于稠油热采井固井。通过套管地锚注水泥作业，使地锚的撑爪张开嵌入地层，将套管柱固定在井壁上。此时对套管柱提拉，使套管产生一定的拉伸预应力，该预应力在水泥浆凝固后始终存在，以避免在高温热采作业时损坏套管。

2. WA 型套管地锚

1）结构类型

WA型套管地锚有WA-Ⅰ型和WA-Ⅱ型两种类型。WA-Ⅰ型套管地锚由胶塞、密封套、顶杆、锚体、上顶杆、悬挂销钉、连杆组、撑爪和引鞋组成，其结构示意图如图2-5-1（a）所示。WA-Ⅱ型套管地锚由中心管、缸套、堵头、活塞、撑爪、销钉、固定环、承托环、尼龙球和短套管等部件构成，其结构示意图如图2-5-1（b）所示。

2）工作原理

（1）WA-Ⅰ型套管地锚在使用时，将其接在套管柱最下端，然后将套管柱下到预定位置，进行常规固井作业。替浆并碰压后，从井口憋压15~20MPa，底部带有钢板的特殊胶塞，在液压的作用下推动上顶杆，上顶杆推动顶杆剪断悬挂销钉，推动连杆组，使撑爪张开嵌入地层，然后提拉套管产生预应力。

（2）WA-Ⅱ型空心式套管地锚接在套管柱阻流环上端，下到预定井深后，进行常规固井作业。顶替碰压前，胶塞通过地锚中心管时将丝堵碰掉，液缸环空内腔与套管内连通，借助套管内液柱压力将活塞向下推移，活塞锥面将撑爪打开并嵌入地层，使其锚定在井壁上。碰压后进行提拉预应力操作。

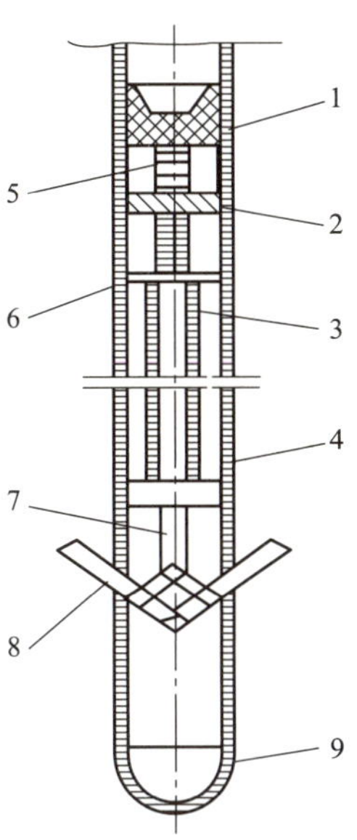

(a)WA—Ⅰ

1—胶塞；2—密封套；3—顶杆；4—锚体；5—上顶杆；6—悬挂销钉；7—连杆组；8—撑爪；9—引鞋

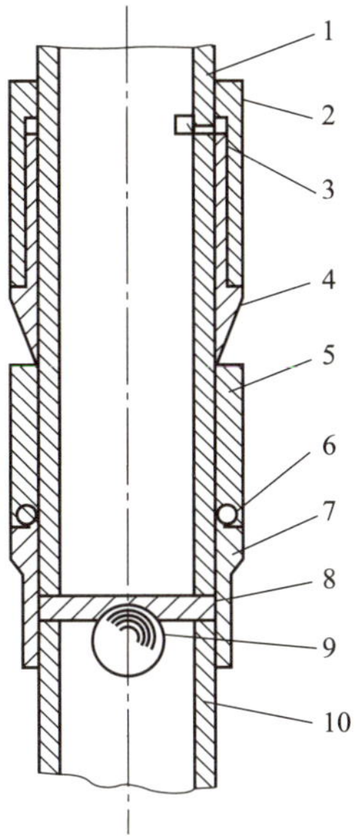

(b)WA—Ⅱ

1—中心管；2—缸套；3—堵头；4—活塞；5—撑爪；6—销钉；7—固定环；8—承托环；9—尼龙球；10—短套管

图 2-5-1 WA 型套管地锚结构示意图

3）技术参数

WA型套管地锚技术参数见表2-5-1。

表 2-5-1 WA 型套管地锚技术参数

型 号	WA-Ⅰ	WA-Ⅱ
地锚额定负荷（安全系数>2）/kN	1000	1000
地锚张开前最大外径/mm	Φ200	Φ200
地锚张开后最大外径/mm	Φ460	Φ350
适应锚位井径/mm	Φ200~Φ300	Φ225~Φ300
地锚内径/mm	—	Φ159
活塞面积/mm^2	—	7400
张开角/（°）	—	12
可在提拉预应力时套管内加压/MPa	—	15
最小流体通过面积/mm^2	3317	—
悬挂销钉剪断泵压/MPa	6~8	—
打开工作压力/MPa	15~20	—

3. 可复位式预应力固井地锚

1)结构组成

KFYDM-1100B型可复位式预应力固井地锚结构紧凑，外部部件由地锚主体、中间接箍、旋流管和上接箍组成，并通过套管扣相连接，地锚爪通过销子装于主体上。内部部件由活塞、弹簧、中心杆、连杆等组成，并通过连杆与三只锚爪相连接。地锚上端为套管母扣，下端为套管公扣，旋流管上加工有返泥浆旋流孔。其结构见图2-5-2。

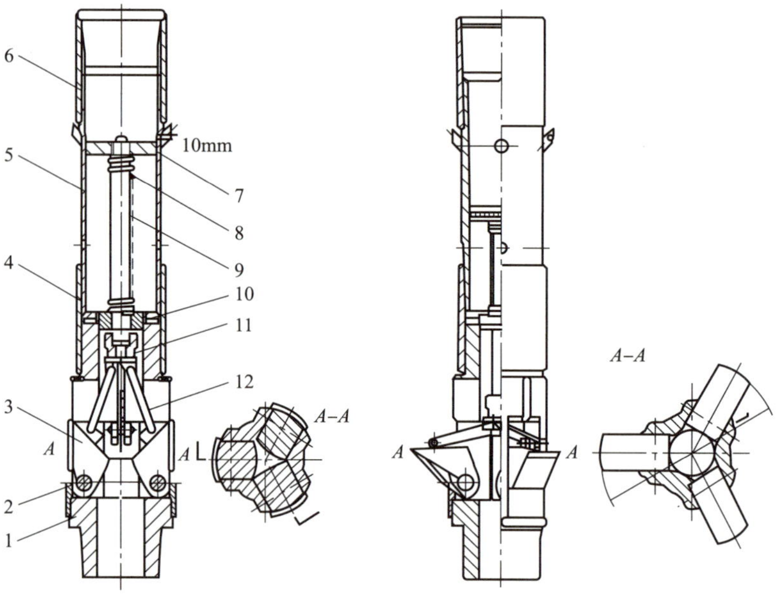

(a)初始状态　　(b)极限张开状态

图 2-5-2　可复位式预应力固井地锚工作状态结构

1—地锚铸铁；2—锚爪销子；3—地锚爪；4—中间接箍；5—旋流管；6—上接箍；7—活塞；8—弹簧；9—中心杆；10—弹簧座；11—连杆座；12—连杆

2)工作原理

KFYDM-1100B型预应力固井地锚采用液压工作。在地锚下井过程中，复位弹簧的上顶力通过活塞、中心杆和连杆控制锚爪，使其收紧于地锚主体，如图2-5-2（a）所示。套管下至预定深度后开泵循环，来自地锚上部套管中的泥浆通过旋流孔进入井眼环空并上返至井口建立循环。由于旋流孔的节流作用，在套管内外产生一定的压差，此压差作用于活塞顶面并克服弹簧的上顶力而推动其下行，从而带动中心杆、连杆下行并控制地锚爪使其张开，爪尖支撑于井壁。泥浆排量越大压差越大，液压下推力越大，锚爪的外撑力也越大。此时上提套管使地锚上行，锚爪便可“吃入”井壁而实现锚固。当地层较硬时，爪尖将卡于井壁的台阶而锚固；当地层较软时，随地锚的上行锚爪将逐渐张开至极限位置“吃入”井壁深部，呈平面承托而锚固，地锚达到图2-5-2（b）所示状态。停泵并下放地锚，锚爪将恢复至收紧状态。由于弹簧的作用，锚爪将不会自然张开，达到可复位的要求。

3）技术特点

（1）锚爪既能打开又能复位；

（2）下完套管先进行锚固对套管提拉产生预应力，然后固井，保证了预应力固井的成功率；

（3）地锚具有初始循环通道，避免开泵憋堵的危险，并且锚爪的外撑力随泵排量的增大而增大；

（4）锚爪对井壁的“吃入”力与套管的上提拉力成正比，上提拉力越大，锚爪趋向张开角度越大，吃入井壁的力越大；

（5）采用三只锚爪有利于套管在井内居中，提高固井质量。

4）技术参数

（1）工具总长：1180mm；

（2）主体最大外径：Φ230mm；

（3）锚爪张开最大外径：Φ402mm；

（4）额定负荷：777kN；

（5）最大负荷：1160kN；

（6）连接套管外径：Φ177.8mm；

（7）适用井眼直径：Φ244.5~Φ350.0mm；

（8）地锚总质量：140kg；

（9）可锚固泥浆排量：≥20L/s。

4. 组合式套管预应力地锚

1）结构组成

组合式套管预应力地锚的结构如图2-5-3所示。在初始状态下，球座、托篮关闭套通过球座-托篮关闭套剪切销钉相连，活塞体通过活塞剪切销钉和筒体相连。外配一个承托环和一个铜球。承托环是为了保证套管底部有足够的人工水泥塞，把它装在地锚以上2根套管处，作为固井碰压位置。铜球用来操作地锚锚爪。

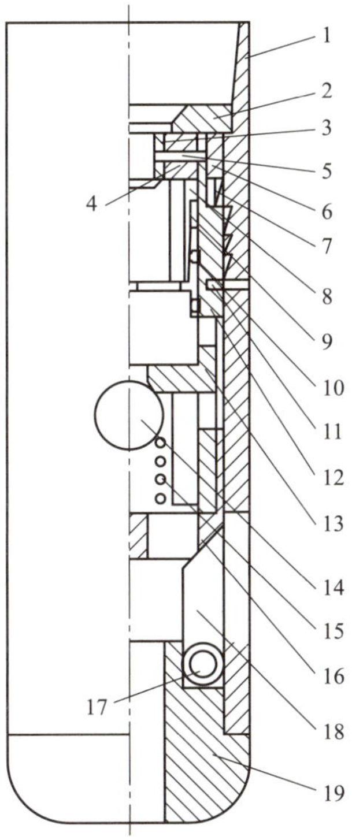

图2-5-3 组合式套管预应力地锚结构示意图

1—筒体；2—压环；3—球座；4—托篮；
5—球座-托篮关闭套剪切销钉；6—卡簧安装套；
7—活塞体卡簧；8—球座扶正套；
9—托篮关闭套卡簧；10—托篮关闭套密封圈；
11—活塞剪切销钉；12—托篮关闭套；
13—活塞；14—阀球；15—弹簧；
16—锚爪张开器；17—锚爪固定销；
18—锚爪；19—引鞋及地锚座

2）工作原理

地锚连接于套管底部，地锚内部有浮箍功能（即单流阀功能），并且能在下套管过程中实现自动灌钻井液。在下套管过程中，钻井液通过浮箍主流道外侧的环形通道进入套管，以实现自动灌钻井液的功能。由于地锚是连通的，因此下套管过程中或下完套管时，均可通过浮箍循环钻井液以保证不粘卡套管或对其他复杂情况进行处理。当下到预定位置时，开泵循环钻井液，待井下正常时，从井口投球，球将自由下落，当球落到球座时，憋压到4MPa，活塞销钉剪断，活塞体下行，锚爪张开并伸入地层实现抓地，即可提拉预应力；再继续憋压到8MPa，托篮关闭套剪切销钉（球座–托篮关闭套剪切销钉）剪断，托篮关闭套下行，关闭自动灌钻井液旁通孔；再憋压到15MPa，球座剪切销钉（球座–托篮关闭套剪切销钉）剪断，球与球座一起下落到托篮上，钻井液可通过球座上部到球座下部并通过回压阀进行循环，恢复浮箍功能。上述工艺完全满足固井要求。

3）技术特点

（1）地锚下到预定位置后可投球憋压，张开锚爪，即可提拉预应力，保证了准确定位；

（2）实现地锚、浮箍、引鞋一体化，可自动灌钻井液；

（3）活塞加压张开锚爪以及上提拉力时，保持锚爪外张力；

（4）采用3只锚爪均匀分布，有利于套管居中，提高固井质量。

4）技术指标

（1）地锚长度：790mm；

（2）主体最大外径：Φ195mm；

（3）锚爪张开最大外径：Φ405mm；

（4）地锚允许最高拉力：1500t（井径小于250mm）；

（5）适应井径：216~350mm；

（6）活塞销钉剪切压力：4MPa；

（7）托篮关闭套销钉剪切压力：8MPa；

（8）球座销钉剪切压力：15MPa。

5. 可钻式预应力固井地锚

1）结构组成

可钻式预应力固井地锚主要由本体、卡套、连接销、连杆、复位弹簧、锚爪、锚爪销、滑块、中心管和喷嘴等组成，结构如图2–5–4所示。

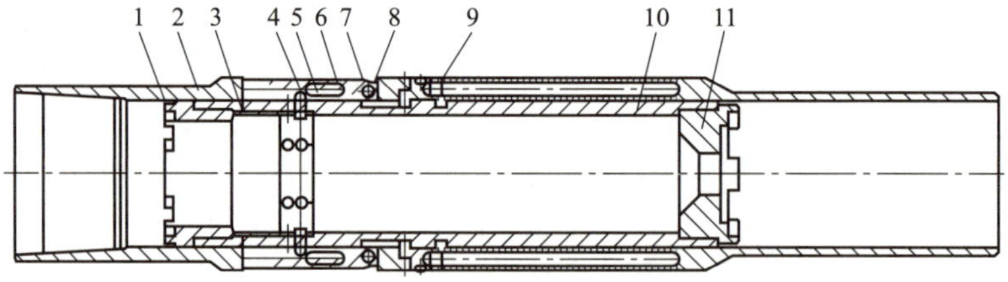

图2–5–4　可钻式预应力固井地锚结构示意图

1—压紧螺母；2—本体；3—卡套；4—上连接销；5—连杆；6—下连接销；7—锚爪；8—锚爪销；9—滑块；10—中心管；11—喷嘴

2）工作原理

在稠油热采固井过程中，地锚连接于套管串底部，随套管一起下井。在下套管过程中，在复位弹簧预紧力的作用下锚爪处于收缩状态。当下到预定位置后开泵，循环钻井液流过地锚中心管和喷嘴，由于喷嘴的节流作用产生节流压差，节流压差推动中心管下行，中心管推动连杆，连杆推动锚爪张开，井口提拉套管施加预拉力，锚爪“吃入”井壁，预应力固井完成。对于大位移水平井，固井结束后可采用215.9mm钻头钻掉地锚，开始水平段钻进。

3）技术特点

（1）该地锚满足海上热采水平井预应力固井要求，固井作业完成后，可利用钻头钻掉地锚内部结构，继续水平段钻进。

（2）采用单元式设计理论，结构简单，两端均为API标准偏梯形螺纹，可根据需要下入单级或多级地锚，确保锚固牢靠，且连接方便。

（3）压紧螺母与喷嘴外部设计为凸凹槽结构，多级地锚组合施工时，钻头钻掉第1级地锚连接销后，地锚内部芯体结构整体下落，喷嘴外部凸槽与下一级地锚压紧螺母凹槽衔接，增大旋转摩擦阻力，防止地锚随钻头旋转，增强可钻性能。

（4）根据钻井现场所使用钻井液不同排量，可选用不同孔径的节流喷嘴；根据不同井眼直径可选用不同尺寸的锚爪；同时，锚爪还具有打开、复位和自洁功能，满足二次锚固需求，可应用于大斜度井和水平井，且不憋压打开锚爪，现场操作简单，满足热采井需要。

4）技术指标

（1）长度：1500mm；

（2）地锚本体最大外径：Φ295mm；

（3）锚爪张开最大外径：Φ550mm；

（4）地锚并排锚爪：6个；

（5）设计排量：33L/s。

6. 双级预应力固井地锚

1）结构原理

双级预应力固井地锚主要由主体、中心管、一级锚爪、二级锚爪和引鞋等组成。其结构如图2-5-5所示。

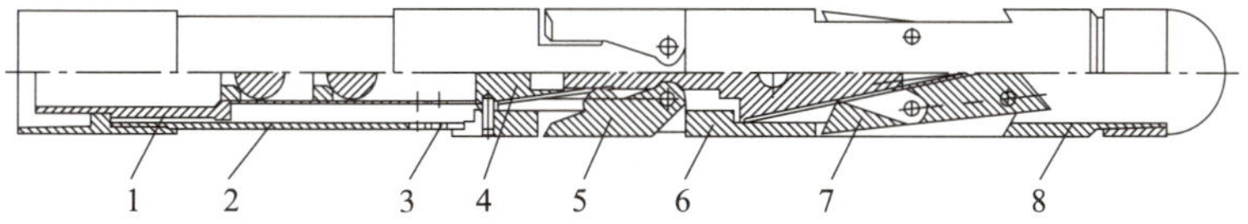

图2-5-5　双级预应力固井地锚结构示意图

1—胶塞座；2—阻流环；3—循环孔；4—中心管；5—一级锚爪；6—主体；7—二级锚爪；8—引鞋

2）施工工艺

套管双级地锚接在套管柱的最下端直接与套管相连。套管下到井底后开泵循环钻井液从循环孔返出。正常固井、碰压。胶塞碰压后坐到地锚上部胶塞座上，然后再缓慢憋压，当压力到15~20MPa时剪断剪销，地锚胶塞座下移推动中心管和连杆组打开双级锚爪使其与井壁锚定。在憋压状态下井口提拉预应力达到设计吨位或长度套管候凝完成提拉套管预应力施工。

3）操作步骤

双级地锚施工过程见图2-5-6，其操作步骤如下：

（1）接地锚前应检查连接螺纹有无损坏，锚爪有无脱落，上钻台严禁碰撞；

（2）地锚下入井口接第1根套管。管柱连接顺序为地锚+套管；

（3）地锚入井后下套管要缓慢，下放速度不小于1min/根。如遇阻不得强通、硬冲；

（4）下套管到井底后，按设计进行固井（下套管中途可开泵循环锚爪不会打开），见图2-5-6（a）；

（5）胶塞碰压后再缓慢憋压至15~20MPa，剪断剪销打开地锚使地锚与井壁锚定，见图2-5-6（b）、图2-5-6（c）；

（6）提到设计长度或悬重候凝，见图2-5-6（d）；

（7）安装井口。

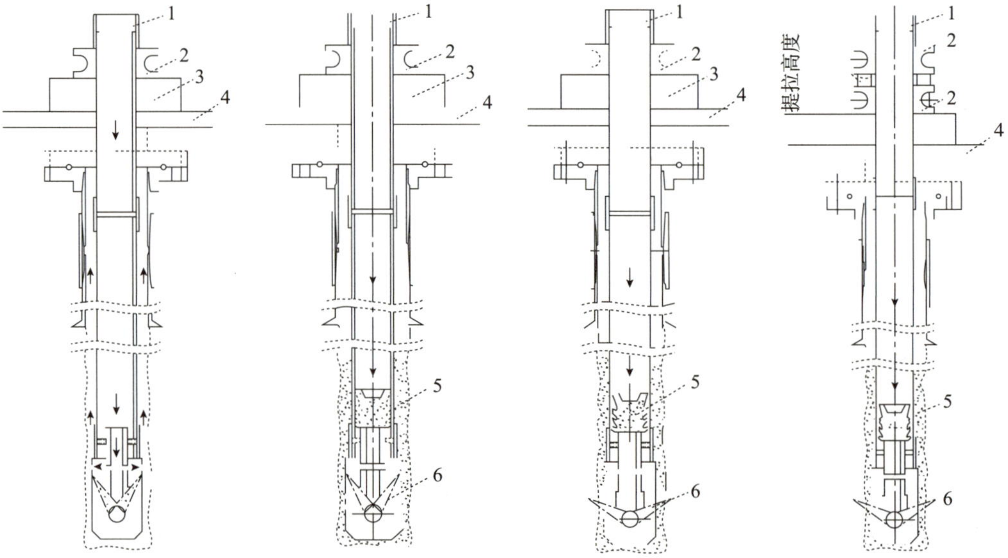

(a)正常固井　(b)胶塞碰压　(c)缓慢憋压打开锚爪　(d)提拉预应力

图 2-5-6　地锚施工过程示意图

1—接箍；2—吊卡；3—转盘；4—钻台；5—胶塞；6—地锚

4）技术参数

双级预应力固井地锚主要参数见表2-5-2。

表 2-5-2　双级预应力固井地锚主要参数

规格/mm	177.8	244.5
主体外径/mm	Φ190~Φ194	Φ285
剪销压力/MPa	5~7	6~8
最大工作压力/MPa	15~20	15~20
锚爪张开外径/mm	Φ560	Φ600
工具总体长度/mm	3000~4000	3000~4000
主体抗拉强度/kN	1500~2000	2000~2500
适应井眼内径/mm	Φ210~Φ400	Φ300~Φ450

第六节　自动灌浆装置

1. 自动灌浆阀

1）概述

套管自动灌浆阀是装在套管鞋上部，实现下套管过程中自动灌泥浆的一种装置。目前有浮球压差式、液流型舌形阀板压差式、浮球活塞压差式、涡轮压差式4种结构类型。

2）结构原理

浮球压差式自动灌浆阀由接箍、关闭套、密封圈、承托环、销钉、外套、自锁机构、进浆孔、本体、尼龙球和球篮等部件组成，结构见图2-6-1。使用时安装在套管柱下部，下套管时钻井液可由进浆孔进入套管内部实现自动灌浆。下完套管后进行固井作业，碰压时固井胶塞将关闭套压下并自锁，此时尼龙球与关闭套下端的锥面坐封，防止水泥浆倒流入套管内。

液流型舌形阀板压差式自动灌浆阀由本体、铜球、挡圈、承托环、液流嘴、铰链支座、弹簧和舌阀板等部件组成，结构见图2-6-2。使用时，将其安装在套管柱底部并进行下套管作业，此时钻井液可直接通过液流嘴进入套管内实现自动灌浆。下完套管后，从井口投入铜球，待铜球落在液流嘴上部时，井口加压将液流嘴憋脱，此时舌阀板在弹簧力作用下复位并与承托环下部的锥面接触，由此可防止水泥浆倒流入套管内。

浮球活塞压差式自动灌浆阀由滑套、卡簧、承托环、密封圈、销钉、进浆孔、尼龙球和球篮等部件组成，见图2-6-3。使用时，将其安装在套管柱下部的套管接箍内，然后进行下套管作业，此时滑套在压差作用下向上滑动，其下端与尼龙球保持脱离状态，钻井液由进浆孔经滑套流入套管柱内部实现自动灌浆。下套管完毕后进行固井作业，碰压时固井胶塞将滑套压下并在卡簧作用下实现自锁，此时滑套下端与尼龙球接触实现密封，可防止水泥浆流入套管内部。

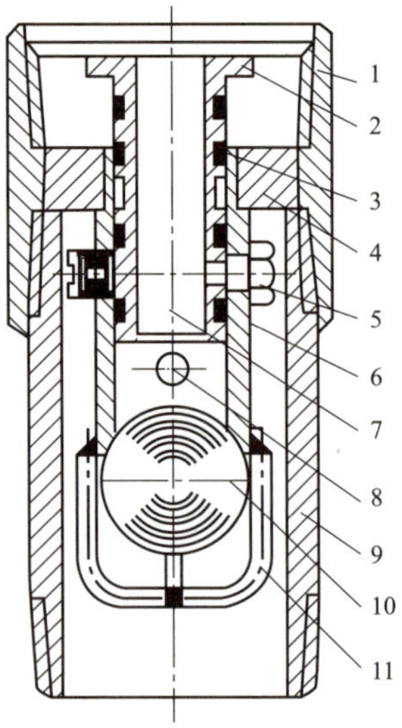

图 2-6-1　浮球压差式自动灌浆阀

1—接箍；2—关闭套；3—密封圈；4—承托环；5—销钉；6—外套；7—自锁机构；8—进浆孔；9—本体；10—尼龙球；11—球篮

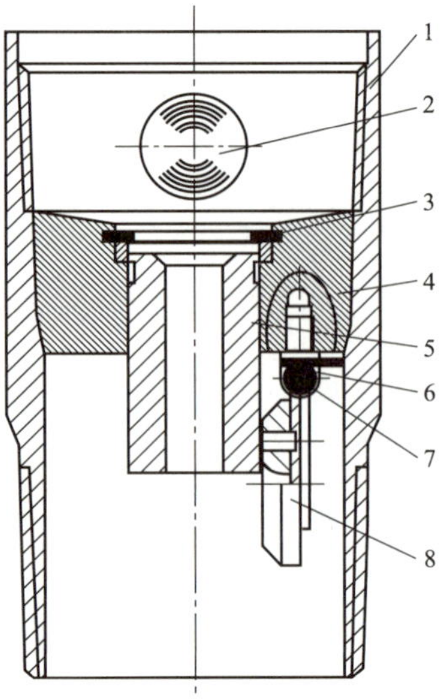

图 2-6-2　液流型舌形阀板压差式自动灌浆阀

1—本体；2—铜球；3—挡圈；4—承托环；5—液流嘴；6—铰链支座；7—弹簧；8—舌阀板

涡轮压差式自动灌浆阀由承托环、钢筋骨架、尼龙球、扶正架、中心拉杆、涡轮叶片、弹簧、网状托盘和挂钩等部件组成，其结构见图2-6-4。使用时，将其安装在套管柱下部的套管接箍内，进行下套管作业时，钻井液可直接由承托环中心孔进入套管内实现自动灌浆。下套管完毕后进行循环时，钻井液经承托环中心孔流出并冲击涡轮叶片使其发生扭转，中心拉杆下部的挂钩脱落限位，尼龙球在弹簧力的作用下与承托环中心孔下部的内锥面接触实现密封，防止水泥浆倒流入套管。

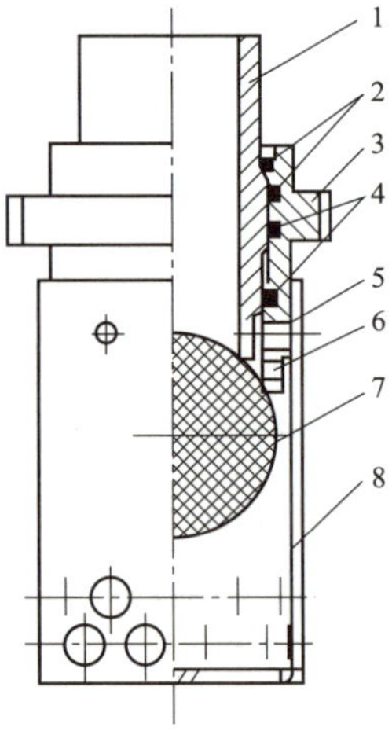

图 2-6-3　浮球活塞压差式自动灌浆阀

1—滑套；2—卡簧；3—承托环；4—密封圈；5—销钉；6—进浆孔；7—尼龙球；8—球篮

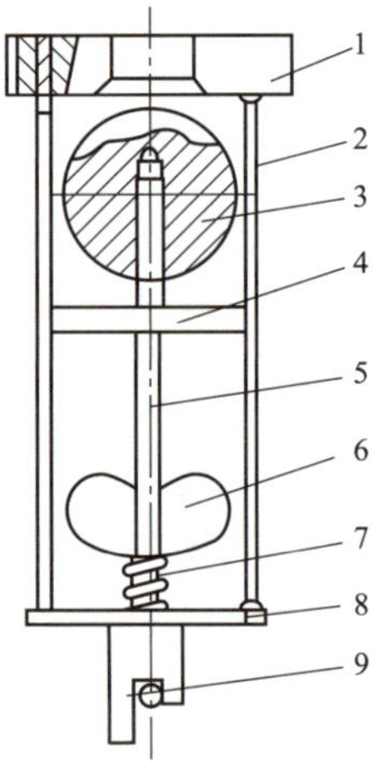

图 2-6-4　涡轮压差式自动灌浆阀

1—承托环；2—钢筋骨架；3—尼龙球；4—扶正架；5—中心拉杆；6—涡轮叶片；7—弹簧；8—网状托盘；9—挂钩

3）技术参数

套管自动灌浆阀规格与技术参数见表2-6-1。

表 2-6-1　套管自动灌浆阀规格与技术参数

类型	直径/mm	进浆孔直径/mm	销钉数量×直径/mm	循环孔直径/mm	剪销泵压/MPa	液流嘴		材质	高度/mm
						厚度/mm	剪切泵压/MPa		
浮球压差式	139.7	2×10.5	2×7	55	3.5~4.0	—	—	钢	380
液流型舌形阀板压差式	177.8	18~20	—	60	—	2	4~4.5	铝	400
	244.5	20~22	—	70	—	2	4~4.5	铝	410
浮球活塞压式	139.7	4×14	3×2	56	2.0	—	—	钢	320
	177.8	4×14	3×2	56	2.0	—	—	铝	320
	244.5	4×14	3×2	56	2.0	—	—	铝	320
涡轮压差式	139.7	10~15 多孔板	—	50	—	—	—	钢	280

2. 自动灌浆浮箍浮鞋

1）结构组成

自动灌浆型浮箍浮鞋主要由浮箍浮鞋本体、自动灌浆阀组成。自动灌浆型浮箍浮鞋结构见图2-6-5、图2-6-6。自动灌浆阀主要由支撑管、阀盖、挂胶球、弹簧杆、弹簧、下篮、楔形分布锁紧块组成。其结构见图2-6-7，其特点是结构简单且使用性能可靠，易于转化成普通弹簧阀，具有普通弹簧阀的一切特点，具有可钻性，可用于5 ½″以上的浮箍浮鞋。

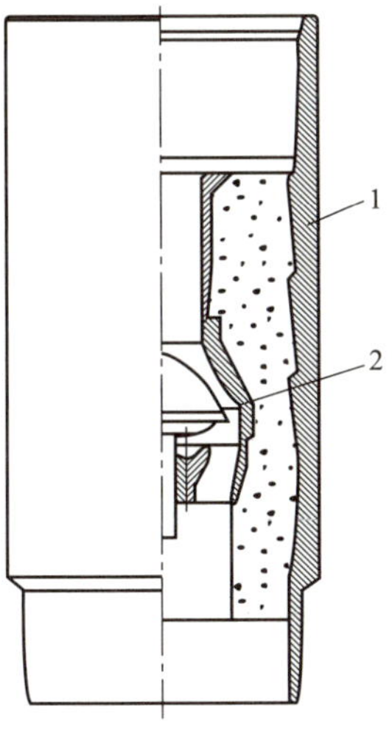

图 2-6-5　自动灌浆型浮箍

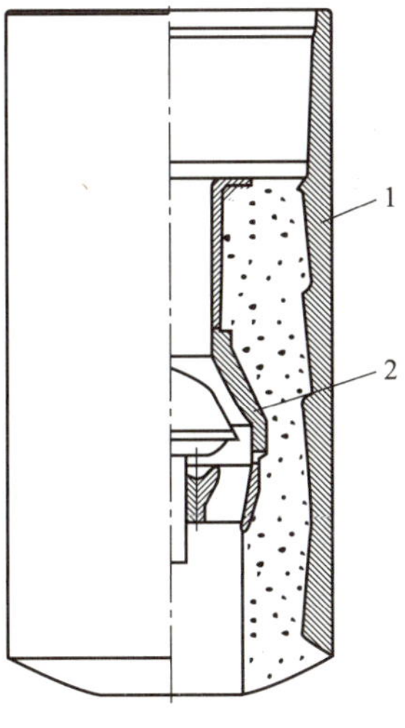

图 2-6-6　自动灌浆型浮鞋

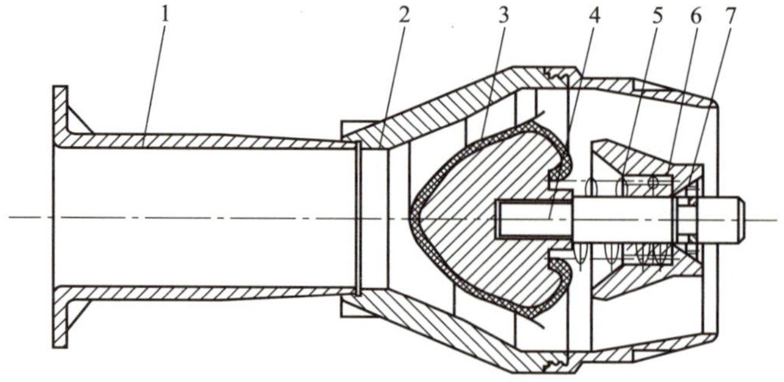

图 2-6-7　带锁紧块式弹簧阀

1—支撑管；2—阀盖；3—挂胶球；4—弹簧杆；5—弹簧；6—下篮；7—楔形分布锁紧块

2）工作原理

浮箍浮鞋在下套管过程中，弹簧阀处于开启状态，泥浆由弹簧阀流进套管内，实现自动灌浆，可降低作用于地层的激动压力，缩短下套管时间。当泥浆正向流入，流量达到预先设定的额定流量值时，3个楔形分布锁紧块会自动脱落，此时该阀转变为普通的弹簧阀，只起正向流通、反向关闭单向阀作用，达到反向密封的目的。

3. 威德福自动灌浆浮阀

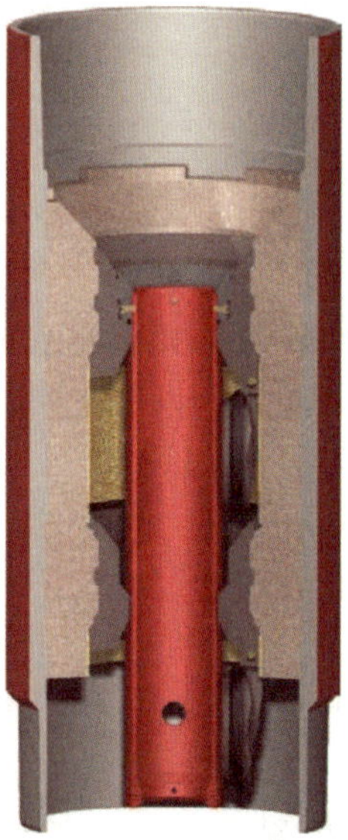

图 2-6-8　威德福 L47W0 自动灌浆阀

1）结构组成

威德福L47W0型自动灌浆浮阀由双舌板单向阀、芯管、转换球组成，芯管位于舌板阀水眼中并使舌板处于打开状态，芯管下部设置球座，下部侧壁开设分流孔。L47W0自动灌浆阀结构见图2-6-8。

2）技术特点

（1）大流道可最大限度减小下套管时压力波动，防止压漏地层，提高下套管效率。

（2）PDC钻头可高效钻除，提高工程效率，降低成本。

（3）下套管过程中可自动灌浆，及时转换球已就位。

（4）可在低排量下实现自动灌浆阀与浮阀平滑转换，防止转换时产生压力波动。

3）工作原理

威德福L47W0自动灌浆阀工作原理见图2-6-9。

（1）下套管时，芯管位于舌板阀水眼内，舌板处于打开状态，钻井液可由芯管直接自动灌入套管内。

（2）下完套管后，将转换球投入井内，当其落入芯管内下部球座时，封闭芯管下部通道，此时芯管下部侧壁分流孔仍可小排量导通。

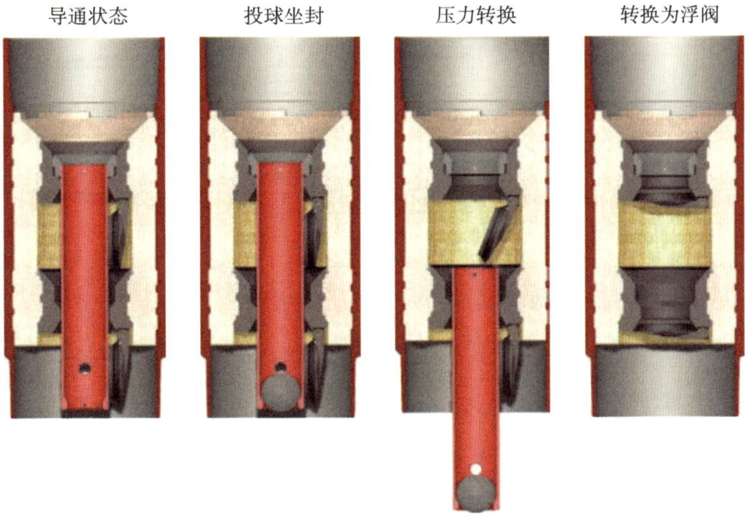

图 2-6-9　威德福 L47W0 自动灌浆阀工作原理

（3）逐渐增大循环排量，芯管可由舌板阀水眼内脱落，舌板阀复位，实现自动灌浆阀向舌板浮阀的转换。

（4）芯管脱落后，舌板阀可防止水泥浆倒流入套管内。

第七节　固井套管关井工具

1. 概述

固井过程中通常使用套管浮箍、浮鞋来防止固井后水泥浆倒流，然而由于其在作业过程中需承受井下复杂条件及高速流体冲蚀，其密封可靠性往往难以得到有效保证，由此导致的留水泥塞情况时有发生。为解决上述问题，工程技术人员研发了固井套管关井工具，在固井结束后将套管底部彻底关闭，消除因井底密封不严带来的不良影响。本节主要介绍了两种关井工具。

2. 套管关井滑套

1）工具结构

套管关井滑套由本体、带孔滑套外壳、滑套内壳、带碰压头胶塞 4 个部分构成，如图2-7-1所示。本体接头螺纹部分采用与套管扣型匹配的螺纹，主体部分壁厚达到套管尺寸的 2 倍，保证足够的承压能力，同时本体内部留有与带孔滑套外壳连接的螺纹。带孔滑套外壳带有与本体连接的螺纹以及密封环及固井循环孔。滑套内壳通过销钉与滑套外壳相连，同时与密封环配合实现密封。胶塞前端有与滑套内壳配套实现碰压及剪断销钉功能的碰压头。

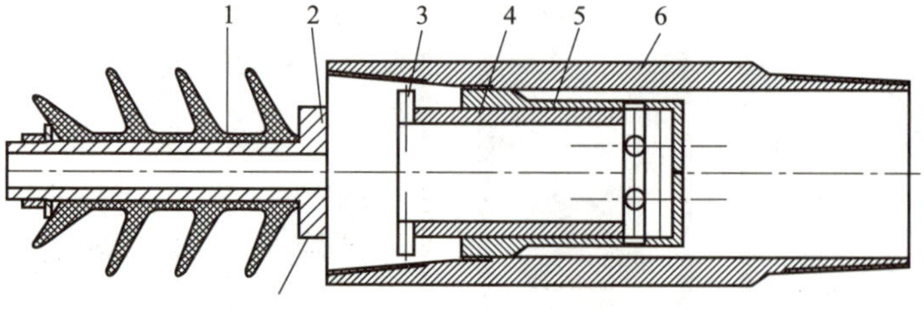

图 2-7-1　套管关井滑套结构示意图

1—胶塞；2—胶塞碰压头；3—滑套内壳；4—密封环；5—销钉；6—本体

2）技术原理

套管关井工具原理如图2-7-2所示。下套管时，按照要求将关井阀装在套管串的人工井底位置。固井施工开始时，前置液及水泥通过关井阀的循环孔进行正常循环，在固井注水泥完成后投入胶塞。胶塞运行至套管关井工具处时，碰压头与套管工具上部接触，憋压，剪断销钉，关井工具内壳下行，盖住滑套孔部位，循环通道关闭，实现硬关井，保证施工完毕水泥塞不会留井底。

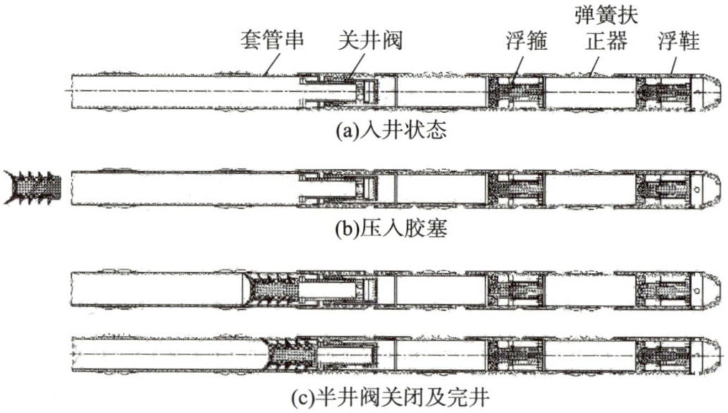

图 2-7-2　套管关井滑套技术原理

3）技术指标

套管关井滑套技术指标见表2-7-1。

表 2-7-1　套管关井滑套技术指标

序号	指标名称	技术参数
1	金属件材质	42CrMo
2	本体承压能力/MPa	≥70
3	橡胶密封件材质	氢化丁腈
4	橡胶件耐温/℃	150
5	销钉材质	45#钢
6	剪切压差/MPa	5~10
7	循环孔面积/mm^2	6×314
8	关井后承压/MPa	≥30

3. 固井碰压关闭阀

1）工具结构

固井碰压关闭阀主要由壳体、滑套、阀套、阀座、剪销及锥形密封垫等部件组成。其结构如图2-7-3所示，壳体为管状结构，上部设内螺纹，下部设外螺纹。阀套为管状结构，通过螺纹固定于壳体内上部。滑套为管状结构，通过剪销固定于阀套内部，其下部外壁开有凹槽，槽内容纳锥形密封垫，其上端侧壁开有通孔。阀座为碗状结构，在壳体内位于阀套下部，其侧壁四周均分布循环孔，阀套与滑套及壳体之间通过密封圈密封。

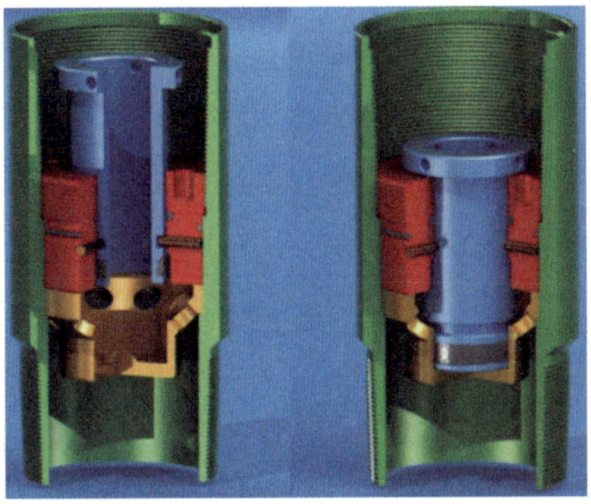

图 2-7-3 固井碰压关闭阀结构原理示意图

2）工作原理

使用时，将壳体上部旋接于套管柱下部，壳体下部外螺纹连接在套管浮箍上部。完成下套管作业后进行钻井液循环及注水泥作业，液流可经过滑套内腔及阀座上的循环孔向下顺利流动，此时液流通道畅通无阻。由于阀座为碗状结构，内部空间较大，且其侧壁的循环孔朝侧下方开启，沉砂及岩屑较易由此顺利通过，避免造成阀体内部堵塞。对于循环孔下部的沉砂及岩屑，在循环液流的冲击下会被搅动并随液体由分流孔流出，不会增加液流阻力。当注水泥工序完成后，压入胶塞并替浆至碰压时，胶塞推动滑套剪断剪销并向下移动。由于滑套下端外壁的锥形密封垫具有向下单向密封的作用，所以胶塞与阀座之间的液体能够顺利通过滑套及阀座之间的间隙并向上经过锥形密封垫，再通过阀座侧壁的循环孔排出，直到滑套下端碰触阀座内端面（图2-7-3）。此时液流通道被永久关闭，阀座内壁与滑套之间的锥形密封垫起到向下单向密封作用，水泥浆无法从阀座上的循环孔向下通过锥形密封垫并经过滑套回流入套管内形成水泥塞，同时也可避免因井底无法关闭而采取憋压候凝对固井质量造成的不良影响，由此可确保充分满足固井施工作业的技术要求。

3）技术参数

固井碰压关闭阀技术指标见表2-7-2。

表 2-7-2　固井碰压关闭阀技术指标

序号	指标名称	技术参数
1	规格尺寸	Φ139.7
2	最大外径/mm	Φ153.7
3	钢级	TP110T
4	关闭压力/MPa	7（可调）
5	流动阻力/MPa	<0.5
6	最小通径/mm^2	8 × 530
7	耐回压能力/MPa	35
8	耐温能力/℃	180

第三章 固井井口工具

第一节 固井水泥头

1. 概述

固井水泥头是指在注水泥作业过程中内装胶塞，并具有压塞、注替管汇、阀门连接的高压井口装置。固井水泥头按其与管柱的连接螺纹不同可分为钻杆水泥头与套管水泥头两种类型。钻杆水泥头在井口与送入钻具连接，主要用于尾管固井作业；套管水泥头在井口与套管柱上端相连，主要用于常规固井作业。本节主要介绍了套管水泥头、钻杆水泥头和远程控制水泥头。

2. 套管水泥头

套管水泥头按照可以容纳的胶塞数量分为单塞水泥头和双塞水泥头；根据水泥头与套管的连接方式分类，套管水泥头可分为常规水泥头和快装水泥头；快装式水泥头又可分为大由壬式和卡箍式；按照工作压力级别可以分为中低压水泥头（14~28MPa）、高压水泥头（35~50MPa）和超高压水泥头（70~105MPa）。

1）结构原理

套管水泥头主要由本体、顶盖、挡销、胶塞指示器、管汇等部分组成，快装水泥头还包括快装接头或卡箍。本体是套管水泥头的主体结构，为管状结构，其侧壁开设注水泥接口、替浆接口和压塞接口，以上接口主要采用由壬接头的方式与管汇管线相连；本体上部通过螺纹与顶盖相连，本体注水泥接口上部设置挡销，挡销下部设置胶塞指示器；本体注水泥接口与压塞接口之间的空间称为容塞腔，固井胶塞装入水泥头后处于该位置。挡销一般为挡杆机构，主要用于阻挡固井胶塞，防止其在注水泥期间下行，注完水泥进行压塞工序时，挡销可以打开并解除对固井胶塞的限位，此时进行压塞可以将固井胶塞压入井内；顶盖位于水泥头本体顶部，二者之间通过螺纹相连，其作用是便于在装入固井胶塞后封闭水泥头上部，胶塞指示器主要用以指示固井胶塞是否入井；快装接头位于水泥头本体下部，用以快速连接水泥头本体与套管柱。几种常用的套管水泥头结构见图3-1-1、图3-1-2、图3-1-3、图3-1-4。

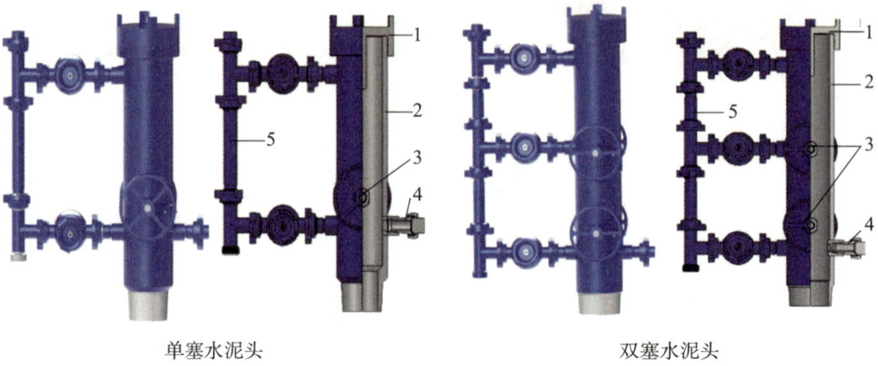

图 3-1-1　常规套管水泥头结构

1—顶盖；2—本体；3—挡销；4—堵头；5—管汇

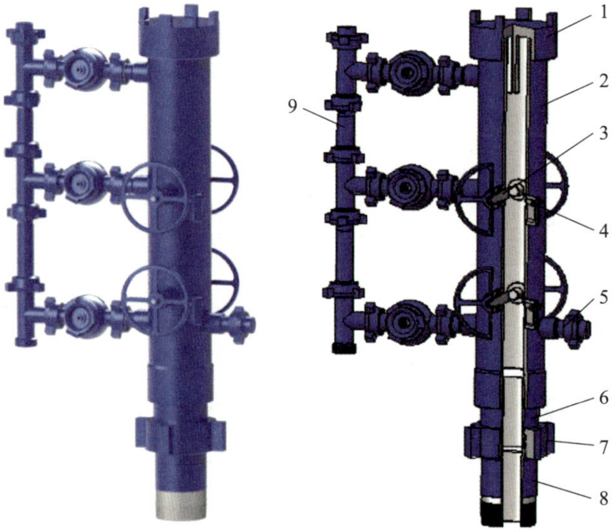

图 3-1-2　大由壬式快装双塞套管水泥头结构

1—顶盖；2—本体；3—挡销；4—指示器；5—堵头；6—转换接头；7—大由壬；8—套管短节；9—管汇

2）技术参数

单塞套管水泥头技术参数见表3-1-1，双塞套管水泥头技术参数见表3-1-2，大由壬双塞快装套管水泥头技术参数见表3-1-3，卡箍式快装套管水泥头技术参数见表3-1-4，超高压大由壬式双塞快装套管水泥头主要技术参数见表3-1-5。

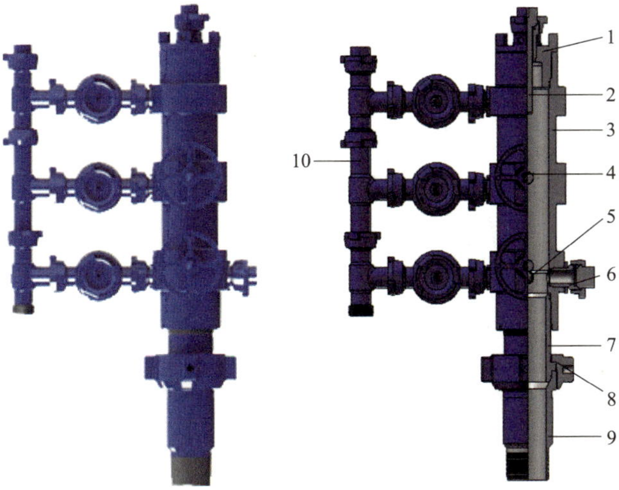

图 3-1-3　超高压大由壬式快装双塞套管水泥头结构

1—顶盖；2—顶杆；3—本体；4—挡销；5—指示器；6—堵头；7—转换接头；8—大由壬；9—套管短节；10—管汇

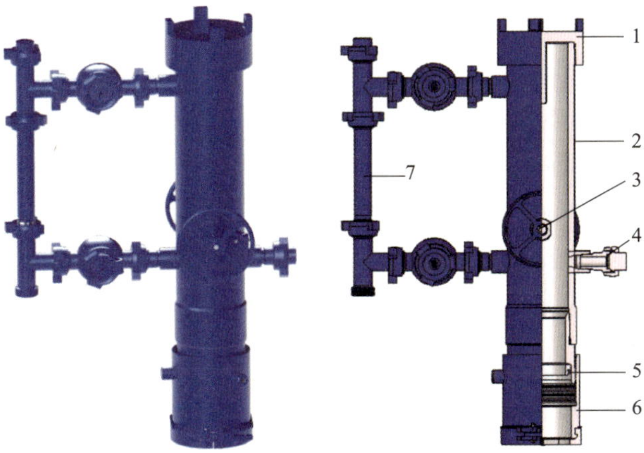

图 3-1-4　卡箍式快装单塞套管水泥头结构

1—顶盖；2—本体；3—挡销；4—堵头；5—密封垫；6—卡箍；7—管汇

表 3-1-1　单塞套管水泥头技术参数

规格/mm	127	139.7	177.8	244.5	273	339.7
外径/mm	Φ157	Φ170	Φ208	Φ275	Φ303	Φ370
内径/mm	Φ112	Φ121	Φ157	Φ222	Φ248	Φ320
可容胶塞长度/mm	≥400		≥450	≥ 550		≥600
挡销形式	单	双	双	双	双	双
工作压力/MPa	35，50		21，35		14，21	

表 3-1-2　双塞套管水泥头技术参数

规格/mm		127	139.7	177.8	244.5	273	339.7	508
内径/mm		Φ112	Φ121	Φ157	Φ222	Φ248	Φ320	Φ480
可容胶塞长度/mm	一级	250	310	310	460	460	460	510
	二级	320	350	350	550	550	550	650
挡销形式		单	单，双	单，双	单，双	双	双	双，三
工作压力/MPa		35，50		21，35		14，21		

表 3-1-3　大由壬双塞快装套管水泥头技术参数

规格/mm		140	178	194	244.5	273	339.7	473
工作压力/MPa		50	50	50	35	35	35	21
管汇接口		2″ FIG1502 由壬						
容塞长度/mm	上	280	310	310	350	360	410	510
	下	280	310	310	350	360	410	510
装胶塞处内径/mm		Φ142.8	Φ181	Φ197	Φ248	Φ276	Φ342	Φ476

表 3-1-4　卡箍式快装套管水泥头技术参数

型号/mm（in）	内径/mm	外径/mm	容塞长度/mm	工作压力/MPa	备注
140（5 ½）	Φ140	Φ165	>350	50	本水泥头可应用于任何扣型
168（6 ⅝）	Φ168	Φ200	>350	50	
178（7）	Φ178	Φ211	>350	50	
244（9 ⅝）	Φ244	Φ272	>350	35	
273（10 ¾）	Φ273	Φ301	>380	35	
340（13 ⅜）	Φ340	Φ370	>380	21	

表 3-1-5　超高压大由壬式双塞快装套管水泥头主要技术参数

规格/in		5 ½	7	9 ⅝	13 ⅜	20
工作压力/psi		10000	10000	7500	5000	3000
下接头扣型		API LC/BC	API LC/BC	API LC/BC	API LC/BC	API BC
管汇接口		2″ FIG1502 由壬				
装胶塞处内径/in		Φ5.625	Φ7.125	Φ9.75	Φ13.5	Φ20.125
容塞长度/in	上胶塞	11.219	11.219	11.219	14.219	22.22
	下胶塞	11.219	11.219	11.219	14.219	

注：1 in=25.4mm；1000psi=6.895MPa。

3)使用方法

(1)施工前准备工作

根据施工设计、套管尺寸、施工压力等参数，选择能满足使用要求的水泥头及相应快速转换接头。检查产品合格证，产品密封件须在有效期内(以合格证出厂时间为基准)，核准工具型号和规格；核准快装接头扣型；检查工具是否完整(件数是否齐全、单件工具是否完好无损、密封连接接头部分是否有碰伤刮伤)。确认无误后按下列步骤安装施工：

①安装好挡销总成，检查挡销全部旋出后是否与水泥头内壁平齐，不得阻碍胶塞下放。

②测量并确认所用胶塞长度、端部直径与水泥头匹配无误。

③打开水泥头盖子，右旋旋进全部挡销，装上胶塞，上好水泥头盖子，指示器拨叉指向为下。

④将水泥头套管接头连接到井口联顶节上，使用吊钳按照标准扭矩旋紧，再将组装好的水泥头总成下端转换接头插入套管接头内，用大由壬上扣连接到一起，上紧螺纹，直至大由壬上部端面上过转换接头上的一圈标志槽后，表示大由壬螺纹已经上紧。

⑤连接注水泥管线与高压管汇。

⑥检查水泥头、由壬、闸门与注水泥管线是否安装牢固。

⑦检查旋塞阀关闭与打开是否活动自如。

(2)注水泥

管汇连接检查完毕后，此时可以开始固井施工。通过高压管汇旋塞阀(关上开下)来控制注水泥浆，注水泥浆结束后，关闭注水泥浆闸门。

注意：螺旋挡销手柄右旋为进(即挡销伸入本体内，挡住胶塞，防止胶塞下行)，手柄左旋为退(即挡销退出，允许胶塞通过下行)。开关挡销必须到位，挡销全部旋出后，可见在挡销压帽端面处挡销螺纹上会出现对称的两处缺口，此时表示挡销已经旋出到位，以免卡住胶塞或损坏挡销。

(3)替浆

旋出挡销，释放胶塞，通过高压管汇旋塞阀(关下开上)来进行替浆，胶塞释放后胶塞指示器应该有所显示，直至碰压。

(4)收尾

施工结束，放压卸水泥头，按规定进行维护保养。

4)维护及保养

(1)产品结构零件清单

①螺旋挡销。挡销结构见图3-1-5，零件清单见表3-1-6。

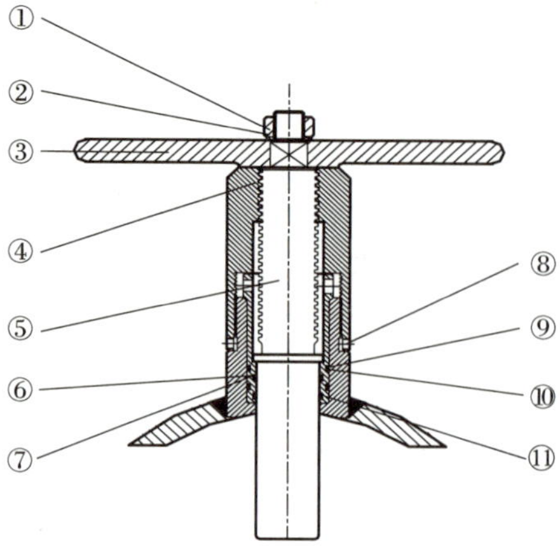

图 3-1-5　螺旋挡销总成图

表 3-1-6　螺旋挡销零件清单

序号	数量	名称	序号	数量	名称
①	1	M24压紧螺母	⑦	2	O型圈背圈
②	1	M24弹簧垫圈	⑧	2	紧定销钉
③	1	螺旋挡销手轮	⑨	2	O型圈
④	1	螺旋挡销体	⑩	2	O型圈背圈
⑤	1	螺旋挡销杆	⑪	1	密封环
⑥	2	O型圈			

螺旋挡销安装及拆卸方式：

安装方式：

首先将件④、件⑤、件⑪及水泥头本体上挡销座清洗干净，检查螺纹是否完好；其次在密封环⑪的密封面及O型圈槽上均匀涂抹黄油，将各O型圈和背圈安装在槽里；然后将密封环装入本体上的挡销座内，安装到位，将挡销⑤旋入挡销体④内；最后将带着挡销体④的挡销插入密封环内，将挡销体螺纹与挡销座螺纹连接好（可边上螺纹边往里旋进挡销杆），缓慢将挡销杆通过O型圈。将挡销体与水泥头本体上挡销座的螺纹旋合直至上紧后用内六方扳手上紧紧定销钉即可。

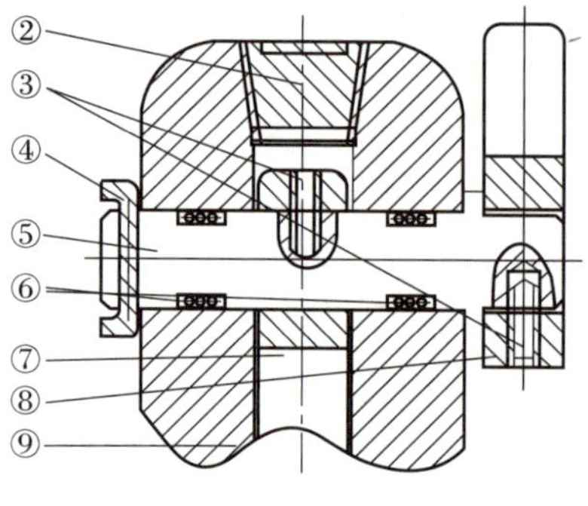

图 3-1-6　胶塞指示器总成图

拆卸方式：

首先，将挡销往外旋出一部分；其次用内六方扳手卸开紧定销钉，用管钳将挡销体④与水泥头本体上挡销座的螺纹拧开，将密封环⑪从挡销座内取出。最后，清洗各个部件，若有损坏及时更换。

说明：所有的O型密封圈和螺纹、螺钉要涂抹黄油，密封螺纹则抹专用油脂。

②胶塞指示器。胶塞指示器总成图见图3-1-6，

零件清单见3–1–7。

表 3–1–7 胶塞指示器零件清单

标记号	数量	名称	标记号	数量	名称
②	2	内六角喉塞	⑥	4	O型圈
③	2	内六角紧定螺钉	⑦	1	内拨叉
④	1	开口销	⑧	1	外拨叉
⑤	1	拨叉轴	⑨	1	指示器本体

（2）保养维修

①由壬的保养。冲洗干净所有由壬接口并检查密封垫，如损坏应予以更换，并在各由壬接口处涂抹黄油。

②盖子与下接头的保养。打开盖子与下接头，检查密封盖垫与O型圈是否完好，如有损坏，应重新更换，O型圈涂抹黄油并上紧。

③挡销的保养（不必每次用后都保养）。用管钳或其他工具拆开螺旋挡销总成，取出密封O型圈检查，看是否完好，若损坏，应更换O型密封圈并涂抹黄油；卸开压紧螺母，取下手轮，拧出销子，取出密封O型圈检查。清洗干净销子，涂抹黄油，按与拆卸相反的顺序重新装配回水泥头焊接本体上。注意应使销子处于旋进位置，以免将外露丝杠碰弯，影响使用。

④胶塞指示器的保养。用螺丝刀拆卸工具按照图纸拆开胶塞指示器总成，取出密封O型圈检查是否完好，若损坏，应更换并涂抹黄油；检查指示器内是否存有水泥块，若有水泥块，卸下指示器侧面的NPT螺钉，用工具清理干净水泥块，然后按与拆卸相反的顺序重新装配回水泥头焊接本体上。注意应使外拨叉处于向下指示安装状态，内拨叉与其垂直。如图3–1–7、图3–1–8所示。

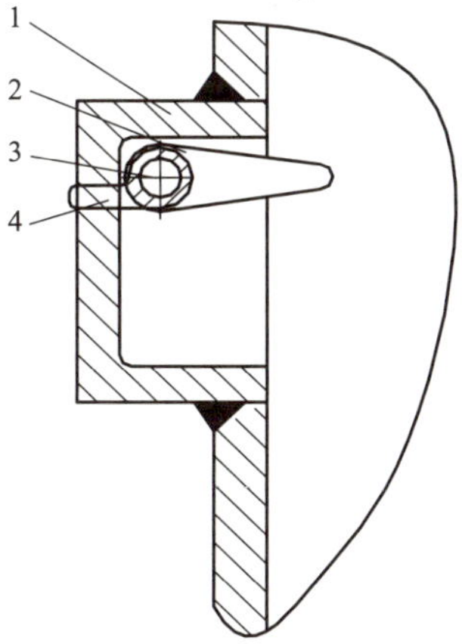

图 3–1–7 胶塞指示器零部件总成图

1—示器座；2—内拨叉；3—拨叉轴；4—外拨叉

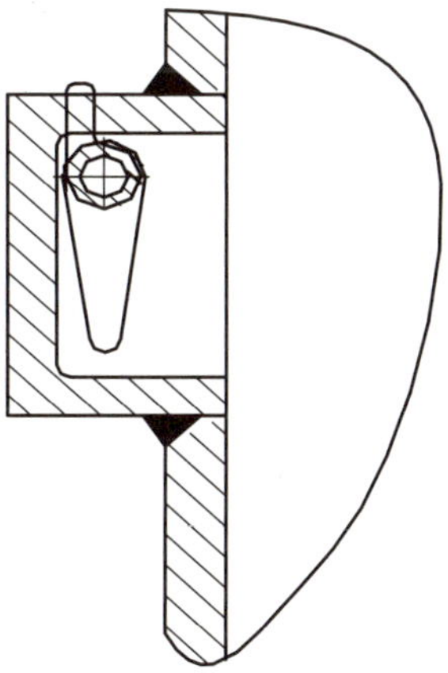

图 3–1–8 胶塞通过后拨叉位置示意图

3. 钻杆水泥头

1）结构原理

普通钻杆水泥头主要由管汇、水泥头本体总成、水泥头顶盖等部分组成（提升式还包括提升短节）。水泥头下部设置钻杆接头螺纹，可以很方便地与下部钻柱快速连接。其原理是：将钻杆胶塞装入本体内腔，上好水泥头盖子，连接好施工管汇从而进行固井施工，注入水泥后，旋转打开挡销，压塞并释放钻杆胶塞，然后替浆。普通钻杆水泥头结构见图3-1-9，提升式钻杆水泥头结构见图3-1-10。

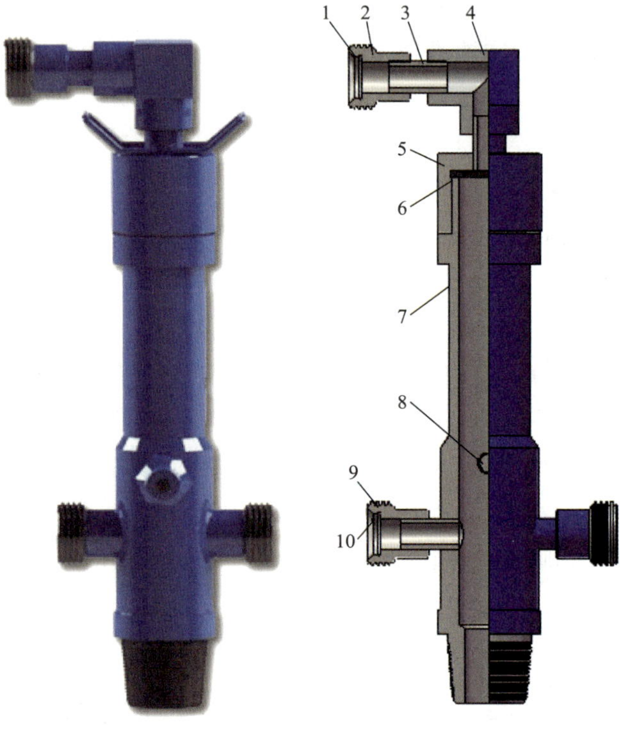

图3-1-9　普通式钻杆水泥头结构

1—由壬垫子；2—压塞口；3—短节；4—直角两通；5—顶盖；6—顶盖垫子；7—本体；8—挡销；9—注浆口；10—由壬垫子

旋转式钻杆水泥头主要由提升短节、本体、管汇、推力轴承、钻杆接头等部分组成。其原理是通过高强度推力轴承，可以在固井过程中旋转下部管柱，从而提高顶替效率、保障固井质量。顶部提升短节便于悬持管柱。螺旋挡销机构用于阻挡和下放胶塞。打开上部的提升短节，可以将钻杆胶塞装入水泥头内。胶塞指示器可以指示胶塞下落。投球器用于安装和释放固井工具用球。高压管汇起到中间连接介质和控制作用，连接了固井设备与水泥头本体，并通过旋塞阀控制流体的通过与关闭，由壬接口用来同注水泥管线和替浆管线相连接。下接头与下部管柱相连接。旋转式钻杆水泥头结构见图3-1-11。

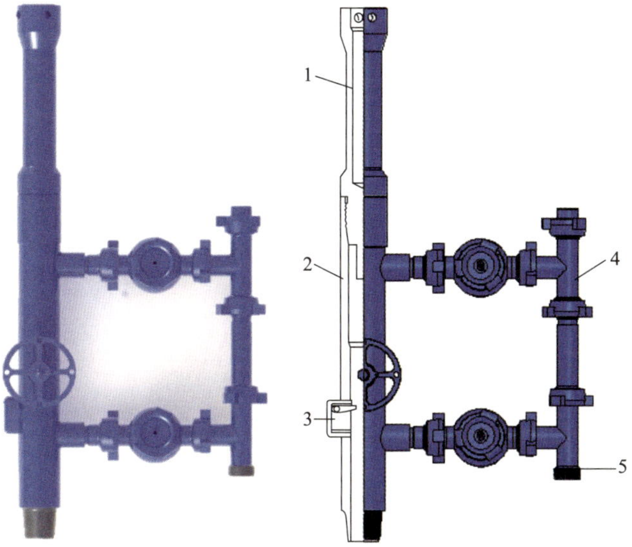

图 3-1-10 提升式钻杆水泥头结构

1—提升短节；2—本体；3—胶塞指示器；4—管汇；5—注浆口由壬

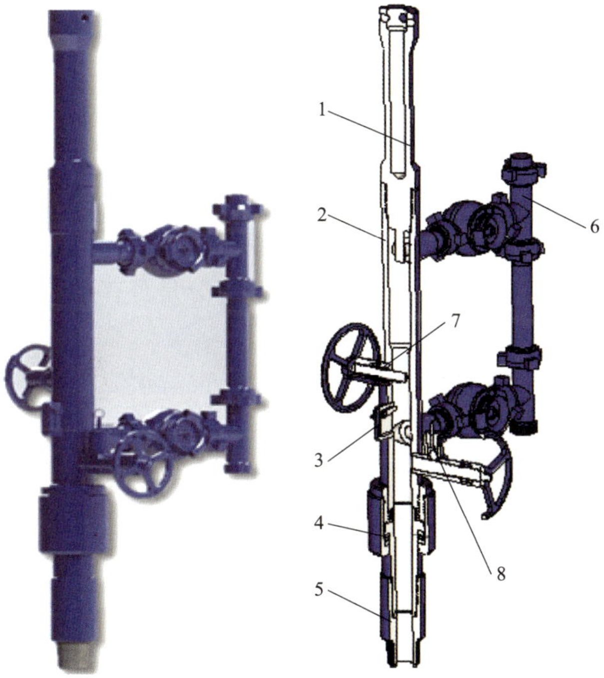

图 3-1-11 旋转式钻杆水泥头结构

1—提升短节；2—本体；3—指示器；4—推力轴承；5—钻杆接头；6—管汇组合；7—挡销总成；8—投球器

2）技术参数

普通钻杆水泥头技术参数见表3-1-8，旋转式钻杆水泥头技术参数见表3-1-9。

表 3-1-8 普通钻杆水泥头技术参数

规格/mm	内径/mm	可容胶塞长度/mm	工作压力MPa	钻杆螺纹代号
73	Φ55~60	≥280	35，50	NC31
89	Φ60~73	≥300	35，50	NC38
127	Φ100~108	≥350	35，50	NC50
140	Φ111~120	≥380	35，50	5½″ FH

表 3-1-9 旋转钻杆水泥头技术参数

规格/in	3½	5	规格/in	3½	5
最大工作压力/MPa	50	50	胶塞容腔长度/mm	350	450
钻杆接头螺纹	NC38	NC50	最大动载荷/MPa	32	46
管汇接口	2″ 1502	2″ 1502	最大静载荷/MPa	120	160
装胶塞处内径/mm	Φ73	Φ108	转速/（r/min）	15~30	15~30
最大投球直径/mm	Φ40	Φ45	最大提升重量/kg	120	160

3）使用方法

普通钻杆水泥头：

（1）施工前检查与准备

根据施工设计、钻杆尺寸、施工压力等参数，正确选择能满足使用要求的水泥头。请检查产品合格证，产品密封件须在有效期内（以合格证出厂时间为基准），核准工具型号和规格是否合适；核准下部接头扣型是否能和钻杆匹配；检查工具是否完整（件数是否齐全、单件工具是否完好无损、密封连接接头部分是否有碰伤刮伤），确认无误后按下列步骤安装施工：

①安装好挡销总成，检查挡销全部旋出后是否与水泥头内壁平齐，不得阻碍胶塞下放。

②测量并确认所用胶塞长度、端部直径与水泥头匹配无误。

③拆下提升短节，右旋旋进全部挡销，从上部将胶塞依次装入本体容腔内。

④上好提升短节，将钻杆水泥头装到钻杆上。

⑤检查水泥头、由壬与注水泥管线是否安装牢固。

⑥施工前一定要注意将各个扣连接处上紧，如挡销座等，以免施工时出现意外。

（2）注水泥

管汇连接检查完毕后，此时可以开始注浆施工。

注意：螺旋挡销手柄右旋为进（即挡销伸入本体内，挡住胶塞，防止胶塞入井）；手柄左旋为退（即挡销退出，允许胶塞通过入井）。开关挡销必须到位，以免卡住胶塞或损坏挡销。

（3）替浆

①旋出挡销；②注入压塞液释放胶塞；③进行替浆；④胶塞下行直至碰压。

（4）收尾

施工结束，放压卸水泥头，并按照有关规定进行后期维护保养。

旋转式钻杆水泥头：

（1）施工前准备工作

根据施工设计、钻杆尺寸、施工压力等参数，正确选择能满足使用要求的水泥头。请检查产品合格证，产品密封件须在有效期内（以合格证出厂时间为基准），核准工具型号和规格是否合适；核准下部接头扣型是否能和钻杆匹配；检查工具是否完整（件数是否齐全、单件工具是否完好无损、密封连接接头部分是否有碰伤刮伤），确认无误后按下列步骤安装施工：

①安装好挡销总成，检查挡销全部旋出后是否与水泥头内壁平齐，不得阻碍胶塞下放。

②测量并确认所用胶塞长度、端部直径与水泥头匹配无误。

③拆下提升接头，右旋旋进全部挡销，从上部将胶塞依次装入本体容腔内；装上提升短节，并用撬杠插在顶盖的孔中，拧紧，上好紧定销钉。

④将钻杆水泥头装到钻杆上，接好注水泥管线、替浆管线、流量计、阀门等。

⑤检查水泥头、由壬与注水泥管线是否安装牢固。

⑥施工前一定要注意将各个扣连接处上紧，如挡销座、胶塞指示器的喉塞、投球器等，以免施工时出现意外。

（2）操作程序

①注水泥浆。管汇连接检查完毕后，此时可以开始注水泥施工。倒好闸门，使水泥浆从下部由壬口注入，注水泥浆结束后，关上注水泥由壬口对应的闸门。

②替浆。旋出挡销，释放胶塞，打开上部由壬对应的闸门，进行替浆，胶塞释放后胶塞指示器应该有所显示，直至碰压。

③收尾。施工结束，放压卸水泥头，并按照有关规定进行后期维护保养。

④旋转。在注水泥和替浆过程中可以一直旋转，也可以根据需要进行旋转。

（3）注意事项

①螺旋挡销手柄右旋为进（即挡销伸入本体内，挡住胶塞，防止胶塞入井）；手柄左旋为退（即挡销退出，允许胶塞通过入井）。开关挡销必须到位，以免卡住胶塞或损坏挡销。

②在释放胶塞前，确认胶塞指示器外拨叉处于水平位置，胶塞通过后，外拨叉将会向上旋转，指示胶塞通过。

③施工过程中若需投球，打开投球器丝堵，确认投球器推杆全部旋进，然后将球放入，再上紧丝堵，在需要时释放投球。

④投球时，将投球器推杆全部旋出，将投球指示杆按下，然后将投球器推杆全部旋进，将球推入水泥头腔体。

⑤水泥头在提拉时不能超过最大静载荷80%，旋转转速为15~30r/min。

4）维护保养

（1）由壬的保养

冲洗干净所有由壬接口并检查密封垫，如损坏应予以更换，并在各由壬接口处涂抹黄油。

（2）盖子与下接头的保养

打开盖子与下接头，检查密封盖垫与O型圈是否完好，如有损坏，应重新更换，O型圈涂抹黄油并上紧。

（3）挡销的保养（不必每次用后都保养）

利用管钳或其他工具拆开螺旋挡销总成，取出密封O型圈检查，看是否完好，若损坏，应重新更换O型密封圈并涂抹黄油；卸开压紧螺母，取下手轮，拧出销子，取出密封O型圈检查。清洗干净销子，涂抹黄油，按与拆卸相反的顺序重新装配回水泥头焊接本体上。注意应使销子处于旋进位置，以免将外露丝杠碰弯，影响使用。

（4）胶塞指示器的保养

用螺丝刀拆卸工具按照图纸拆开胶塞指示器总成，取出密封O型圈检查是否完好，若损坏，应更换并涂抹黄油；检查指示器内是否存有水泥块，若有水泥块，卸下指示器侧面的NPT螺钉，用工具清理干净水泥块，然后按与拆卸相反的顺序重新装配回水泥头焊接本体上。注意应使外拨叉处于向下指示安装状态，内拨叉与其垂直。

（5）投球器的保养（不必每次用后都保养）

卸开投球器压帽，取下推杆，取出密封O型圈检查。清洗干净挡销杆，涂抹黄油，按与拆卸相反的顺序重新装回原位，推杆要旋到底。

（6）轴承的保养

卸开轴承密封总成，取出V型密封圈检查，若有损伤，更换新密封圈。清洗干净，涂抹黄油，按与拆卸相反的顺序重新装回原位，轴承部位涂润滑脂。

4. 远程控制水泥头

1）威德福远程控制水泥头

Weatherford公司RC-TDH系列远程无线控制水泥头的结构如图3-1-12所示，主要包含了旋转机构、挡销机构以及投球机构三大部分。该系列的远程无线控制水泥头能够预置憋压球和FLWP型胶塞或钻杆胶塞。该系列水泥头与水泥车或是顶驱相连，在结束循环后进行投球作业时，操作控制面板上控制投球的气动阀来驱动旋转活塞杆，憋压球便被投球杆推送至主通道中下落，此时投球杆未到达胶塞容腔位置，胶塞释放通道未受干涉。旋转胶塞释放机构对FLWP胶塞或钻杆胶塞进行释放。胶塞释放后，旁通通道关闭，胶塞在替浆液的推压作用下下行，当胶塞到达下落指示器位置时，释放胶塞工作最终完成。

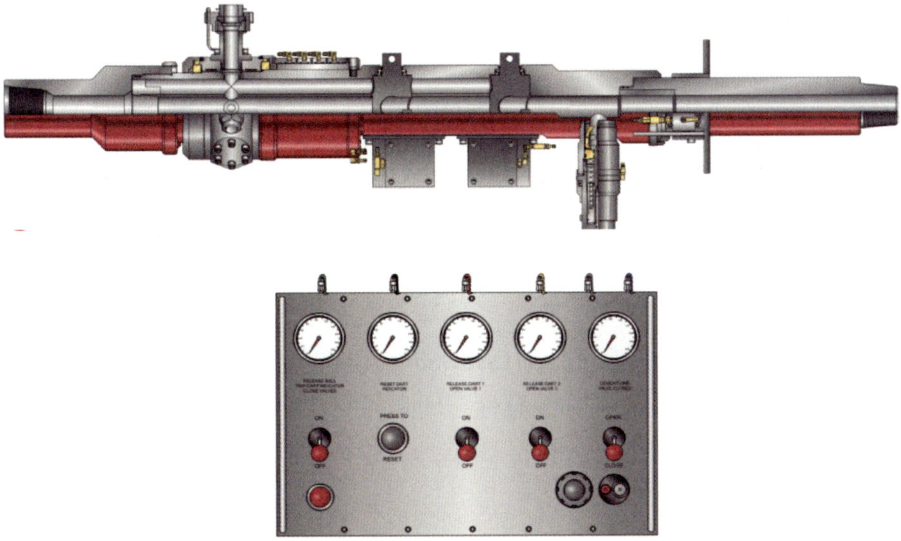

图 3-1-12　威德福 RC-TDH 系列水泥头结构示意图

2）贝克休斯远程控制水泥头

Pneumatic TD2（Top Drive）Cementing System系列水泥头是Baker公司的第二代远程控制水泥头，超越第一代系列产品变得更加可靠高效。该系列水泥头的组件接头全部略去，使整体结构变得更加紧凑，同时缩短了水泥头的总长度，因此这种固井水泥头的井口作业安装时间有了明显的缩短并且更加易于运输装载。如图3-1-13所示，TD2系列水泥头由旋转机构、胶塞容腔、投球机构以及指示器四大部分组成。旋转单元内筒与胶塞释放机构和投球机构相连并带动其一起旋转。

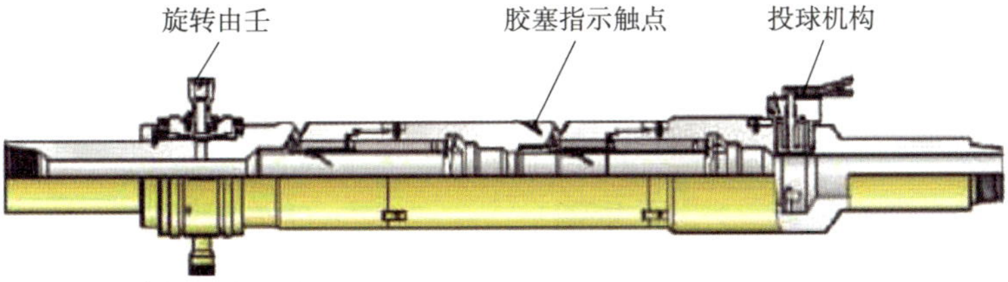

图 3-1-13　TD2（Top Drive）Cementing System 系列水泥头示意图

3）斯伦贝谢公司CMIB固井水泥头

斯伦贝谢公司生产的CMIB水泥头，在尾管固井作业期间可以控制水泥和驱替液的流动，其内部设置了旁通管汇，在钻机上使用顶部驱动系统对尾管进行固井作业，由于为水泥浆和驱替液创造了一条流动路径，避免它们通过钻机的顶部驱动组件，从而可防止水泥污染顶部驱动组件。

CMIB水泥头包括一个旋转接头和一个带有模块化落球和塞式落球组件的歧管，CMIB一体式旋转壳体规避了螺纹、法兰和焊接，同时提高了强度并减少了施加在进口上的弯曲载荷。释放机构是独立的，从而可维护成本低。斯伦贝谢公司CMIB固井水泥头结构见图3-1-14。

图3-1-14　斯伦贝谢公司CMIB固井水泥头

CMIB水泥头可以配置为单塞、双塞或单球下落操作，它们适用于固井所有类型的尾管悬挂器，包括旋转尾管悬挂系统，如COLOSSUS CMT*尾管悬挂装置系统。在固井时旋转和/或往复活动尾管可提高水泥的完整性，增强井的稳定性和安全性。

标准CMIB装置适用于大多数油田。超深水CMIB装置专为坚固耐用而设计，可应用于高载荷的情况。

标准和超深水CMIB装置也可通过远程控制装置进行操作。该装置由通过WiFi进行通信的平板电脑操作。平板电脑、执行器、外壳、连接器、导管、天线和开关均通过ATEX认证。执行机构具有手动操控功能，系统可配置为单塞或双塞操作，并且设置有胶塞下落指示器。

轻型CMIB装置非常适合重量和装卸受到限制的陆地上的小型钻机，以及浅至中深井。但该装置不能与遥控器一起使用。

4）国内远程控制水泥头

中石化工程院设计了一种远程控制水泥头，主要由提拉顶盖、本体、胶塞释放机构、投球装置、旋转单元和下接头组成，具体结构见图3-1-15。提拉顶盖用于水泥头吊装，上由壬接口和下由壬接口用于连接固井管汇、胶塞释放机构和投球装置，在气动执行器的作用下实现胶塞投放和憋压球的投球功能，下接头主要用于连接钻杆。

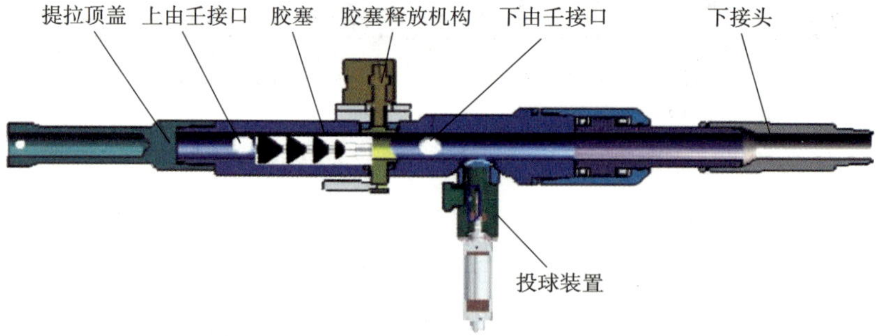

图3-1-15　远程控制水泥头结构示意图

远程控制水泥头机械本体的主要设计参数为：水泥头直径127mm，工作压力35MPa，最大轴向载荷6.54MN；连接扣型为114.3mm贯眼钻杆扣；管汇规格为50.8mm，连接扣型为FIG1502型由壬扣；胶塞容腔内径100mm；胶塞容腔长度355mm；水泥头整体长度2832mm。

胶塞投放机构主要完成固井胶塞投放动作，由摆动气缸、左侧密封环、右侧密封环、旋转挡销和扳手组成，见图3-1-16。胶塞存放在水泥头本体内，被旋转挡销限位，如图3-1-16（a）所示；需要释放胶塞时，控制摆动气缸旋转90°，使旋转挡销中心孔与水泥头本体内孔贯通，打开上由壬管汇阀门，泵注顶替液，在液力作用下胶塞下行，完成胶塞释放，如图3-1-16（b）所示。旋转挡销末端的扳手具有2个作用：一是跟随旋转挡销一起转动，起到投塞动作指示的作用；二是当控制系统失效时，可以人工扳动手柄，实现手动应急释放胶塞功能。

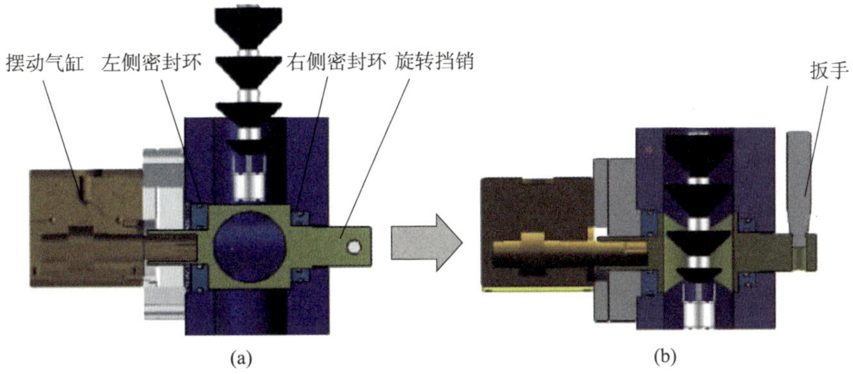

图3-1-16 胶塞投放机构基本结构示意图

憋压球投球机构主要完成憋压球投放动作，由球筒、球盖、球框及投球气缸组成（图3-1-17）。憋压球通过球盖投放在投球机构内的球框中，球框将球限定在圆孔内，当需要投球时，控制投球气缸动作，气缸活塞杆推动球框进入到水泥头本体内腔，球从球框中自由落入水泥头内，完成投球作业。适用投放的憋压球直径为38~50mm；投球气缸采用双作用直线气缸，当控制系统失效时，可直接手动推动气缸活塞，实现手动应急操作。

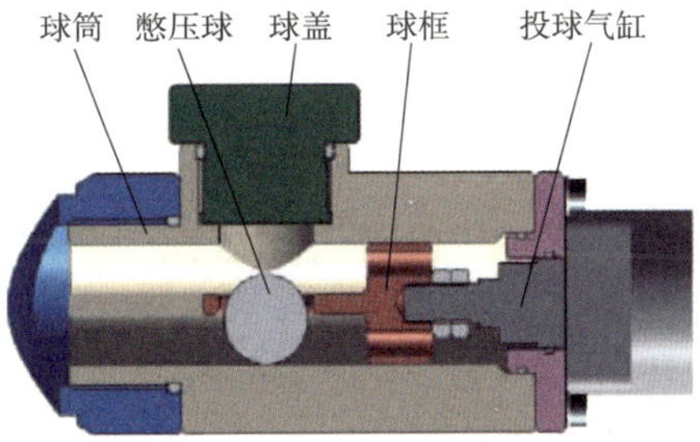

图3-1-17 憋压投球机构基本结构示意图

5. 顶驱水泥头

1）结构组成

顶驱钻杆水泥头的基本结构如图3-1-18、图3-1-19所示，主要包括旋转密封单元、预留胶塞投塞单元、投球单元、胶塞指示单元以及抗扭结构。

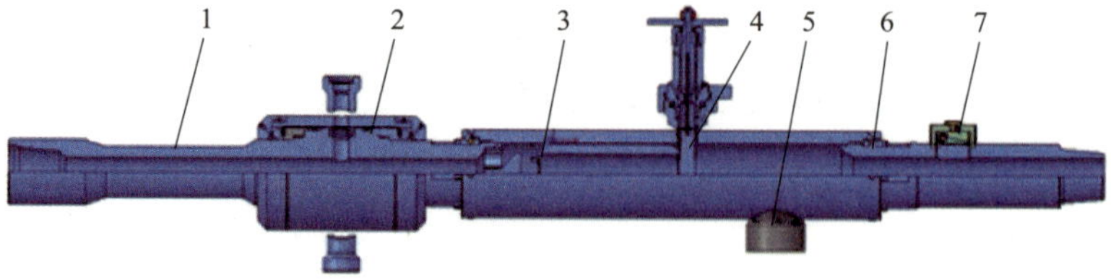

图 3-1-18 顶驱式钻杆水泥头结构示意图

1—提拉接头；2—旋转密封单元；3—胶塞预置单元；4—胶塞投放单元；
5—憋压球投掷单元；6—挡块抗扭单元；7—胶塞指示单元

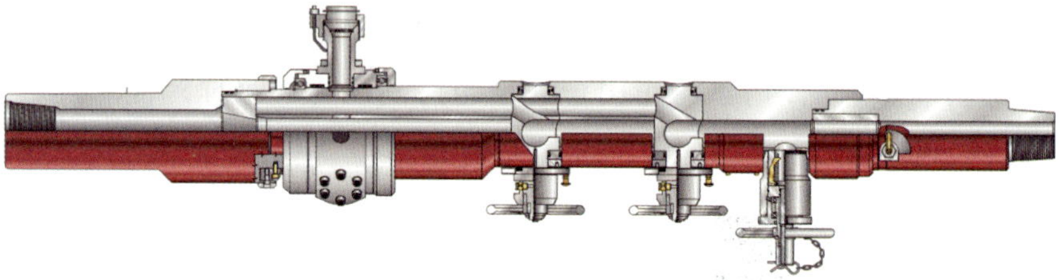

图 3-1-19 威德福 TDH 顶驱水泥头

旋转密封部分主要由高性能轴承、密封组合组成，能够保证在旋转过程中管线的相对静止。预留胶塞投塞单元主要包括分流器、螺旋挡销部分，主要用于提前存放钻杆胶塞，并在需要替浆作业时安全投掷。投球单元主要由存储球机构及投掷结构组成，保证将坐挂憋压球顺利投掷。胶塞指示单元主要由壳体、楔形拨块、指示手柄等组成，通过胶塞碰触楔形拨块带动轴旋转从而带动指示手柄旋转，实现胶塞投掷的指示。挡块抗扭结构主要为高抗扭挡块，用于旋转过程中传递扭矩，并利于后期的保养与维护。

传统的水泥头，大都使用平衡管结构来避免注水泥过程中存在的U型管效应对挡销造成的损坏，因此，本顶驱水泥头设计了内平衡结构，使之方便后期的维护与保养。

2）工作原理

将尾管安全下入到设计位置，顶替泥浆前，提前将钻杆胶塞及坐挂憋压球分别放置在塞筒及储球筒中。连接好各种管线、压力表，将水泥头与顶驱连接，连接送入钻具进行旋转下入作业。下入过程中可开泵建立循环。当悬挂器下至设计井深，循环畅通后，旋转投球装置手柄，将球送入钻具内进行憋压坐挂，注入水泥浆后，旋转螺旋挡销进行钻杆胶塞投掷作业，钻杆胶塞通过指示装置时，指示手柄方向发生变化，从而完成顶驱型钻杆水泥头各项功能动作。

6. 威德福 KDH 水泥头

1）结构组成

威德福公司生产的方钻杆驱动水泥头（Kelly-Drive cementing Head，KDH）是一种旋转水泥头，可以实现在不打断施工流程的情况下释放控制球和胶塞，其内部独特的液流通道结构可替代外部工艺管汇，使其结构紧凑，便于搬运及运输。其结构见图3-1-20。

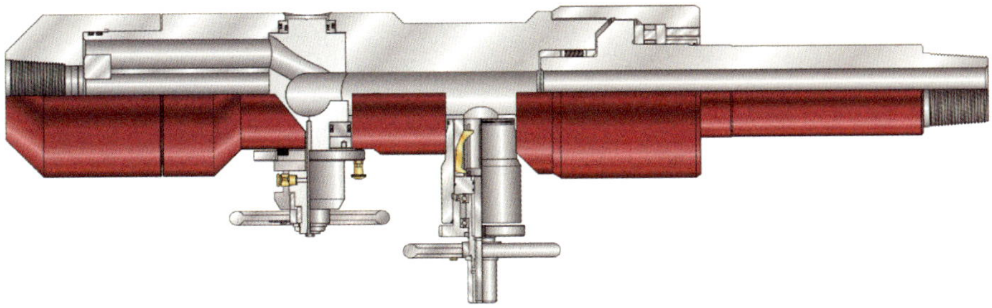

图 3-1-20 KDH 水泥头

2）应用场景

①常规尾管固井作业。

②旋转尾管固井作业。

3）技术特点

①取消了外部管汇使得结构非常紧凑。

②旋转机构允许在固井作业期间旋转管柱以提高固井质量。

③允许通过其进行循环，即便是满载情况下。

④高抗拉强度和耐压强度，可满足尾管提拉操作。

4）工作原理

KDH水泥头顶部设置钻杆接头母扣，可与方钻杆下部或顶驱接头相连，其内部设置旁通流道和特制旋塞机构，即使内部装入钻杆胶塞时，钻井液也可通过旁通流道进行循环，需要释放胶塞时，通过手轮将旋塞机构旋转90°即可解除对胶塞的限位。投球机构可在施工过程中便捷释放控制球以完成对悬挂器的坐挂操作。中部旋转机构设置有承载轴承，可实现旋转尾管柱操作。

5）使用方法

使用时，将悬挂器丢手球置入投球器内部，将钻杆胶塞装入水泥头内部，然后水泥头顶部与方钻杆或顶驱钻杆接头相连，水泥头下部与钻杆柱相连。水泥头胶塞限位旋塞处于关闭状态，此时水泥头内部旁通流道与胶塞限位旋塞旁通流道连通，由水泥头顶部流入的液体可经旁通流道绕过钻杆胶塞流入井内。需要坐封悬挂器时，可旋转投球器手轮将丢手球顶入水泥头内并将其释放，接着进行悬挂器坐挂操作。随后进行尾管固井作业，注水泥过程中可旋转管柱提高注替效率。注水泥完毕后，旋转胶塞限位旋塞手轮，此时限位旋塞旁通流道关闭，胶塞通道打开，胶塞限位解除，可将钻杆胶塞压入井内，然后进行顶替作业，直至碰压完成固井作业。

6）技术参数

KDH水泥头技术参数见表3-1-10。

表 3-1-10　KDH 水泥头技术参数

序号	参数名称	数值
1	连接尺寸/in	4 ½
2	额定静载/（lb/t）	526000/234
3	额定动载/（lb/t）	152000/68
4	工作压力/（psi/MPa）	7500/51.7
5	最大转速/（r/min）	40
6	最低工作温度/（℉/℃）	-4/-20
7	主孔直径/（in/mm）	2.98/75.70
8	旁通孔径/（in/mm）	1.96/49.70
9	丢手球直径/（in/mm）	1.25~2.25/31.75~57.15
10	容塞腔长度/（in/mm）	16/406.40

第二节　循环接头

1. 水龙带－套管循环接头

1）结构原理

水龙带－套管循环接头下端通常为套管公螺纹（也可为快装接头），上部设置由壬接头用以连接水龙带，通常用于下完套管后的循环作业，较浅的表层套管也可用其完成固井作业。其结构见图3-2-1。

(a)简易式套管循环接头　(b)大由壬式套管循环接头　(c)卡箍式套管循环接头

图 3-2-1　水龙带－套管循环接头

2）技术参数

水龙带－套管循环接头技术参数见表3-2-1。

表 3-2-1　水龙带－套管循环接头技术参数

序号	规格	耐压强度/MPa	紧密距/LC	紧密距/BC
1	XHT-2″×4″~7 ⅝″\35MPa	35	1~3	0~0.5

续表

序号	规格	耐压强度/MPa	紧密距/LC	紧密距/BC
2	XHT-2″×9 5/8″~10 3/4″\21MPa	21	1~3.5	0.5~1
3	XHT-2″×13 3/8″（STC/BC）14MPa	14	1~3.5	0.5~1
4	XHT-2″×20″\7MPa	7	1~3.5	0.5~1

3）使用方法

（1）简易循环接头安装方法：首先检查循环接头下部套管公螺纹是否有损伤，然后将其与套管接箍母螺纹连接，按扭矩旋紧后，再连接由壬处管线。

（2）大由壬式循环接头安装方法：首先将循环接头下部套管螺纹与套管接箍相连，然后再旋紧循环接头上部的大由壬接头螺纹，最后将循环接头顶部的由壬与施工管线相连。

（3）卡箍式循环接头装卸方法：安装时，首先拔出插销，将卡箍摆到最大，再将插销插入，缓慢地放到接箍上，再将卡箍关到最小，将插销插入，然后缓慢顺时针转动调节套，使接头上紧。拆卸时反顺序操作即可。

2. 方钻杆－套管循环接头

1）结构原理

方钻杆－套管循环接头，也称提升短节、提升接头，其下端设置套管公螺纹，可与套管柱上端母扣相连，其上端设置钻杆接头母螺纹，可与方钻杆或顶驱下部钻杆接头公螺纹相连；通过方钻杆－套管循环接头可实现边循环边下套管作业，通常在下套管遇阻情况下使用。为了确保其良好的连接强度，通常采用整体式结构。其结构见图3-2-2。

图 3-2-2　方钻杆－套管循环接头

2）技术参数

方钻杆－套管循环接头技术参数见表3-2-2。

表 3-2-2　方钻杆－套管循环接头技术参数

序号	规格	耐压强度/MPa	紧密距/LC	紧密距/BC
1	XHT-NC31（210）×4″\35MPa	35	1~3	0~0.5
2	XHT-NC38（310）×4 1/2″~5″\35MPa	35	1~3	0~0.5
3	XHT-NC50（410）×5 1/2″~7 5/8″\35MPa	35	1~3	0.5~1
4	XHT-NC50（410）×9 5/8″~10 3/4″\21MPa	21	1~3.5	0.5~1

续表

序号	规格	耐压强度/MPa	紧密距/LC	紧密距/BC
5	XHT–NC50（410）×13 ³⁄₈″ 14MPa	14	1~3.5	0.5~1
6	XHT–NC50（410）×20″ 7MPa	7	1~3.5	0.5~1

3）使用方法

使用时，将循环接头下部与套管柱相连并按规定扭矩旋紧，然后将循环接头上部与方钻杆相连并旋紧。首先开泵顶通并建立循环，随后一边循环一边缓慢活动并下放套管柱，确认解除阻卡后卸下方钻杆及循环接头，继续进行下套管作业。

第三节　高压旋塞阀

1. 概述

高压旋塞阀是一种主要由阀体、旋塞、密封弧片及由壬接头组成的高压元件，可用于固井注水泥作业、钻井作业、压裂作业时连接高压管汇并控制管路通断。

2. 结构原理

高压旋塞阀主要由阀体、旋塞、密封弧片、由壬接头等零部件组成，其结构见图3–3–1。其工作原理是：通过手轮调节旋塞的旋转角度以实现流量大小的控制，旋转90°即可实现通断。阀体和旋塞之间采用密封弧片进行密封，由于旋塞和密封弧片加工精度高，接触面采用特殊的研磨工艺加工，配合间隙非常小，因此可确保二者之间在高压工作条件下不渗漏。

3. 技术参数

高压旋塞阀技术参数见表3–3–1。

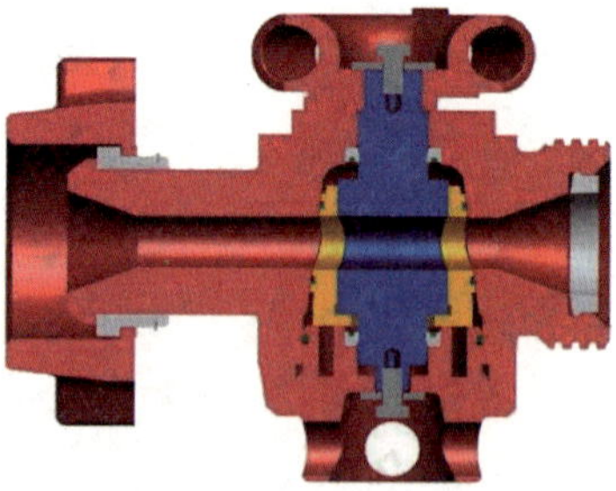

图 3–3–1　高压旋塞阀

表 3-3-1　高压旋塞阀技术参数

规格型号	扣合尺寸/in	冷工作压力/MPa（psi）	两端连接型式	扣型
			内、外螺纹（LP、NU）	
SF42	1×2	42/6000	FIG602 由壬	M×M
SF70	2×2	70/10000	FIG1002 由壬	M×F
SF105	3×3	105/15000	FIG1502 由壬	F×F

4. 使用要求

（1）选用时应考虑钻井液/或生产作业中设备温度环境，选择合适的温度。高压旋塞阀设计工作温度为-46~121℃，当环境温度低于下限或接触液体温度高于上限时，停止使用。

（2）旋塞阀在使用前应进行静水压试验和无损检测，进行拆卸或维修后，必须进行静水压试验，试验压力为额定工作压力，稳压10min，压降小于0.5MPa。

（3）不得在系统有压力的情况下拆卸旋塞阀或锤击连接由壬。

（4）旋塞阀在使用过程中应保持全关或全开状态，禁止处于半开半关状态，防止高速流体刺伤旋塞密封面，影响正常使用。

（5）旋塞阀在运输过程中严禁碰撞，避免雨淋，避免接触酸、碱、盐等腐蚀性物质。

第四节　高压活动弯头

1. 概述

高压活动弯头是固井和压裂设备中高压流体控制元件，是改变施工管线连接方向和便于管线连接的管件，被广泛使用于高压排出管线、输入管线、临时液流管线、试井管线以及其他高压输送管线上。高压活动弯头的规格有1½″~4″，额定工作压力42~105MPa，工作温度-46~121℃。

2. 结构原理

高压活动弯头采用高强度合金钢经过特殊热处理工艺制造，设置有独特的弹道、钢球结构，确保高压弯头具有良好的转动性能和抗冲击性能。Acme螺纹连接，使其具备拆卸方便、快捷，连接牢固、可靠的特点，多次的密封设计和高精度加工，使其具有良好的密封性能。高压活动弯头内部结构见图3-4-1。

图 3-4-1　高压活动弯头内部结构

高压活动弯头的结构形式有多种类型，包括10型、20型、30型、40型、50型、60型、70型、80型、90型、100型，它们的连接方式如图3-4-2所示。

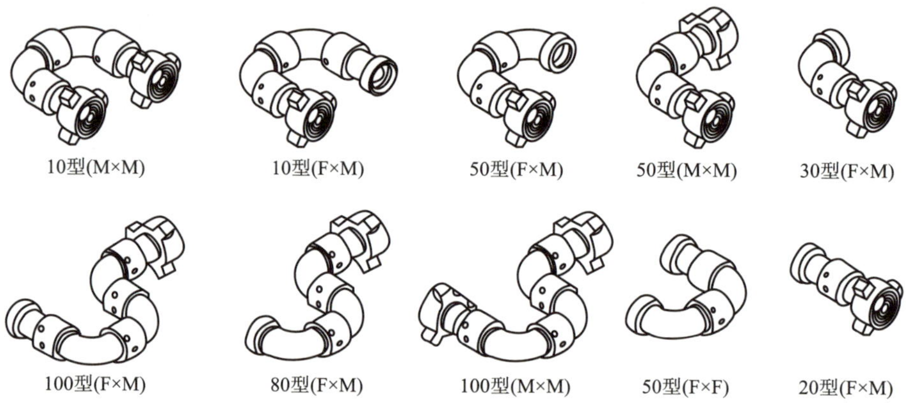

图 3-4-2　高压活动弯头连接方式

3. 使用要求

（1）使用前必须首先从铭牌上确认高压活动弯头的额定工作压力、适用规格、适用温度。

（2）高压活动弯头使用前应进行静水压试验和无损检测，进行拆卸或维修后，必须进行静水压试验，试验压力为额定工作压力，稳压10min，期间不得有渗漏现象。

（3）高压活动弯头应定期使用超声波测厚仪测量管壁厚度，建议每月一次，达不到有效厚度值应立即更换，禁止继续使用。

（4）高压活动弯头不能在连续旋转或频繁摆动的状态下工作，不能浸在水中或水下工作，工作时不能承受轴向载荷。

（5）安装高压活动弯头时，并手动检测各接头转动是否灵活、卡阻。

（6）高压活动弯头严禁在超过额定工作压力的条件下使用。

（7）高压活动弯头设计工作温度为-46~121℃，当环境温度低于下限或接触液体温度高于上限时，应立即停止使用。

（8）不能在系统有压力的情况下拆卸活动弯头。

（9）新旧活动弯头不宜搭配混用。

4. 技术参数

高压活动弯头技术参数见表3-4-1。

表 3-4-1　高压活动弯头技术参数

<table>
<tr><th>规格型号</th><th>尺寸/in</th><th>工作压力/MPa（psi）</th><th>两端连接型式</th><th>扣型</th></tr>
<tr><td rowspan="2">10型~100型</td><td rowspan="2">$1\frac{1}{2}$
2
3
4</td><td rowspan="2">42/6000
70/10000
105/15000</td><td colspan="2">螺纹（Tr100×12）
螺纹（Tr100×8）</td></tr>
<tr><td>FIG602由壬
FIG1002由壬
FIG1502由壬</td><td>M×M
M×F
F×F</td></tr>
</table>

5. 使用方法

（1）使用前应检查高压活动弯头各部件是否灵活好用，必须完整无缺，符合标准。

（2）使用工作压力要符合施工工艺要求。

（3）用手上紧由壬，调整到所需角度后再用锤头砸紧。

（4）用后要清洗干净并存放于通风干燥处，不得接触酸碱盐等腐蚀性物质。

（5）高压活动弯头的轴承要经常注油，以防锈蚀。

第五节　高压直管

1. 概述

高压直管是固井和压裂设备中输送高压流体的承压元件。高压直管的规格包括2″、3″、4″，额定冷工作压力42~105MPa（600~15000psi），工作温度-46~121℃。高压直管用优质合金钢制造，端部为由壬连接。高压直管有普通整体式高压直管，带挡肩的整体式高压直管，分体式高压直管，长度根据客户需求定制。

2. 结构原理

高压直管主要由管体和端部连接由壬两部分组成。其中，普通整体式高压直管因结构简单，使用方便，在国内普遍使用，但是三爪螺母由于没有挡肩限位，在搬运及安装过程中容易滑动至管体部位，在垂直安装时有所不便。整体式带挡肩高压直管则在高压直管安装三爪螺母的一头，专门设计了挡肩，可以使得高压直管在垂直使用时，三爪螺

图 3-5-1　高压直管

母不会掉下或者下滑，保证使用更安全，目前整体式带挡肩高压直管越来越得以推广使用。分体式高压直管两端的连接由壬与管体之间通过螺纹相连，这种高压直管在美国或者习惯使用美国产品的国家很受欢迎。高压直管见图3-5-1。

3. 技术参数

整体式高压直管技术参数见表3-5-1。

表 3-5-1　整体式高压直管技术参数

规格/in	连接型式	冷工作压力/psi	重量/kg						
			3ft	4ft	5ft	6ft	8ft	10ft	12ft
2	FIG1502	15000	18.6	22.7	26.3	30.4	38.1	45.8	53.5
3	FIG1502	15000	33.1	41.3	49.0	56.7	72.6	88.5	—
4	FIG1002	10000	—	93.0	112	130	168	206	—

4. 使用方法

（1）使用前应检查高压直管各部件是否完整无缺、接头密封是否无损伤，符合标准。

（2）许用工作压力要符合施工工艺要求，达不到标准不能使用。

（3）用手上紧锤击由壬，调整到所需位置后再用锤头砸紧。

（4）用后要清洗干净并存放于通风干燥处，不得接触酸碱盐等腐蚀性物质。

（5）高压直管的由壬接头丝扣要进行防腐，以防锈蚀。

第六节　下套管自动灌浆装置

1. 概述

在下套管作业中，国内通常采用的灌浆方法是将套管固定在卡盘上，作业人员手持泥浆管线向套管内灌入泥浆或者采用自灌式浮箍浮鞋。向套管内灌浆的方法，作业时劳动强度大，同时增加了杂物掉落井筒的风险，特别在大位移井等复杂结构井上，套管静止时间长可能造成粘卡、无法下入等事故。自灌式浮箍浮鞋受制于产品的质量和可靠性，一旦失效将给后续的固井带来极大的不便。随着钻井设备机械化、自动化程度的不断提高，目前国外威德福公司、TAM公司、戴维斯公司等在大位移井、深井、普通的井型中已经普遍采用下套管灌浆装置。目前，国内使用的自动灌浆循环装置一般均为国外产品，但在现场应用中存在以下问题：①国内井架中很少配有上气动卡盘，一般的水龙带式自动灌浆装置较长，无法正常使用（戴维斯公司的自动灌浆装置结构复杂，操作不便）；②国外的灌浆装置没有泥浆回止机构，造成泥浆洒落在钻台上，给钻井施工带来很多不便。为解决上述不足，渤海钻探工具技术研究院研发了一种下套管自动灌浆装置。

2. 结构组成

下套管使用的新型伸缩式自动灌浆装置由钻杆接头、吊环接头、推力盘、推力盘接头、伸缩接头外筒等部件通过螺纹连接，如图 3-6-1 所示。钻杆接头与顶驱相连，在伸缩接头外筒内有伸缩机构和泥浆回止机构。伸缩机构内由密封圈、伸缩接头、伸缩接头弹簧组成，伸缩接头依靠密封圈与伸缩接头外筒保持密封，伸缩接头弹簧安装在伸缩接头外筒下部。泥浆回止机构由密封锥体、钢球、密封圈、阀座弹簧、阀座组成，密封锥体通过螺纹与伸缩接头连接，依靠密封圈保持密封，钢球坐在阀座弹簧上，依靠阀座弹簧顶在密封锥体内保持密封，阀座弹簧另外一端固定在阀座上。

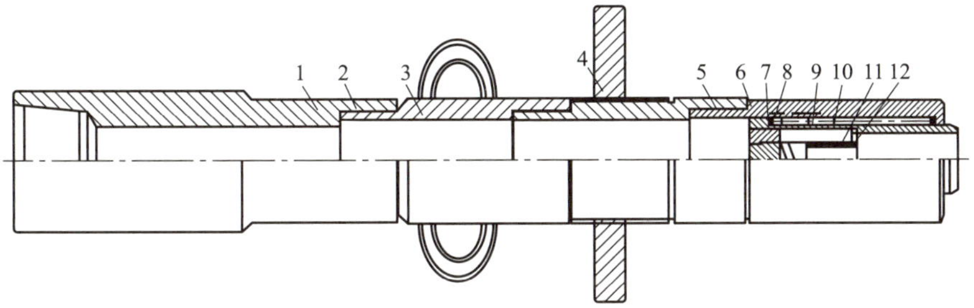

图 3-6-1　下套管自动灌浆装置结构示意图

1—钻杆接头；2—密封圈；3—吊环接头；4—推力盘；5—推力盘接头；6—伸缩接头外筒；7—密封锥体；8—钢球；9—伸缩接头；10—伸缩接头弹簧；11—阀座弹簧；12—阀座组成

3. 工作原理

在现场施工中首先进行起吊安装，将自动灌浆装置上的钻杆接头与顶驱或大钩相连，并且按照钻杆规定扭矩上紧钻杆螺纹。

安装完自动灌浆装置后，可正常进行下套管作业，随着套管的下入，可随时对套管进行灌浆。等到 1 根套管下到井口打开吊卡更换另外 1 根套管时，停止灌浆，伸缩短节自动回缩，泥浆回止阀关闭，残余泥浆留在管线内，避免洒落在钻台上。

4. 技术特点

该装置可根据钻机的类型提供不同的连接方式，适合各种类型下套管中的灌浆作业。泥浆回止阀实现了在灌浆过程中避免管线中残余的泥浆洒落在钻井平台上；伸缩式的接头可以减少泥浆飞溅，达到清洁环保的作用，改善施工人员的作业环境；高度可调式推力盘在大位移井上遇到套管不能顺利下入的井段时，可以通过把顶驱或大钩的重力加到推力盘上，推动套管下入。

第七节　水泥浆磁化器

1. 概述

水泥浆磁化器是接在注水泥作业管汇上，用以实现水泥浆磁化的专用工具。水泥浆经磁化后，结晶颗粒变细，胶结致密，水泥石的抗压强度显著提高，有利于提高水泥环对套管和地层的粘结能力。磁化改善了水泥浆的流变性能，提高n值，降低k值，有利于水泥浆的紊流顶替。

2. 结构组成

水泥浆磁化器按磁钢的安装方式分为内磁式和外磁式两种类型。内磁式与外磁式的主要区别在于前者水泥浆直接接触磁钢表面，后者水泥浆不直接与磁钢表面接触。内磁式、外磁式结构见图3-7-1、图3-7-2。

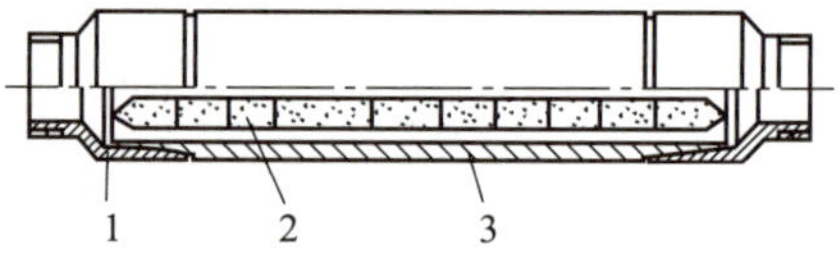

图 3-7-1　内磁式水泥浆磁化器

1—接头；2—磁钢；3—外套

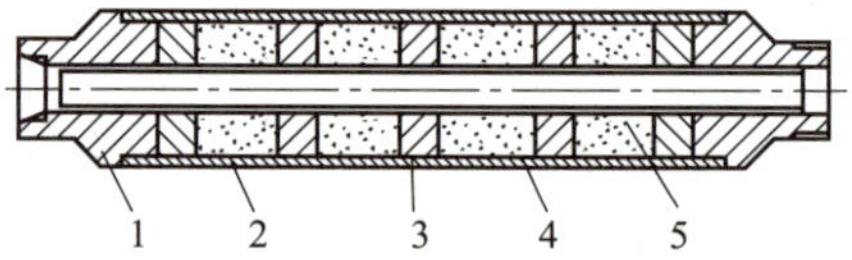

图 3-7-2　外磁式水泥浆磁化器

1—接头；2—外套；3—隔离块；4—磁钢；5—内套

3. 技术参数

水泥浆磁化器技术参数见表3-7-1。

表 3-7-1　水泥浆磁化器技术参数

磁感应强度/mT	磁程长度/cm	抗内压能力/MPa	环境温度/℃	磁体材料
200~300	50~80	35	-35~45	金属

第四章 固井井下工具

第一节 尾管悬挂器

1. 概述

尾管悬挂器是指通过液压或机械方式将尾管悬挂在上一层套管柱底部，进而进行尾管固井作业的机械装置。通过尾管悬挂器实现尾管固井，可降低注替施工的环空液柱压力，有利于施工安全，节省套管，降低钻井成本。

尾管悬挂器按作用方式可分为液压式（代号Y）、机械式（代号J）和机械-液压双作用式（代号D），按悬挂方式可分为卡瓦悬挂式和膨胀悬挂式（代号P），按功能可分为封隔式（代号F）、旋转式（代号X）、防腐式（代号C、S、CS）等。

本节主要介绍了机械式尾管悬挂器、液压式尾管悬挂器、机械-液压双作用式尾管悬挂器、封隔式尾管悬挂器、膨胀式尾管悬挂器、旋转式尾管悬挂器、压力平衡式尾管悬挂器、双锥双液缸液压尾管封隔悬挂器和耐腐蚀全通径高封隔内嵌式悬挂器。

2. 机械式尾管悬挂器

机械式尾管悬挂器可通过上提、下放、旋转等机械方式实现尾管坐挂，不需投球憋压，操作相对简单，主要适用于直井、浅井、套管下入过程中对循环压力要求较高，井壁相对稳定的井。

1）结构原理

机械式尾管悬挂器按结构类型可分为：J型槽式、轨道式、微台阶式等几种类型。

机械式尾管悬挂器主要由提升短节、回接筒、密封套、倒扣接头、反扣螺套、推力轴承、中心管、本体、卡瓦、卡瓦推套、胶塞座、钻杆胶塞、尾管胶塞等部件组成，其结构见图4-1-1、图4-1-2。

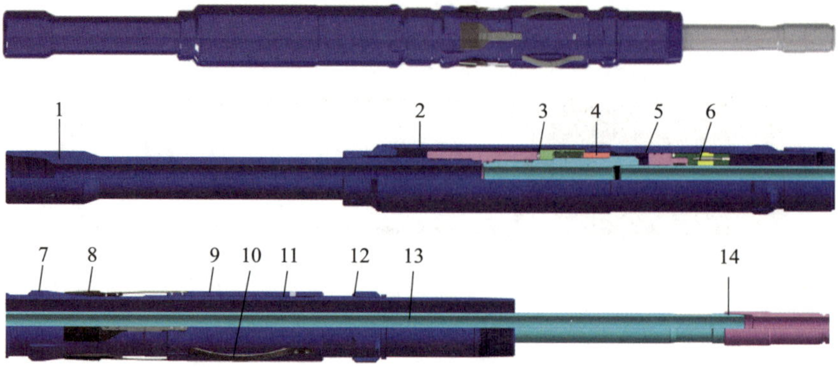

图 4-1-1　J 型槽式机械尾管悬挂器

1—提升短节；2—回接筒；3—载荷支撑套；4—反扣螺套；5—密封套；6—补芯；7—本体；8—卡瓦；9—转环套；10—弹簧弓；11—导向销钉；12—扶正环；13—中心管；14—接箍

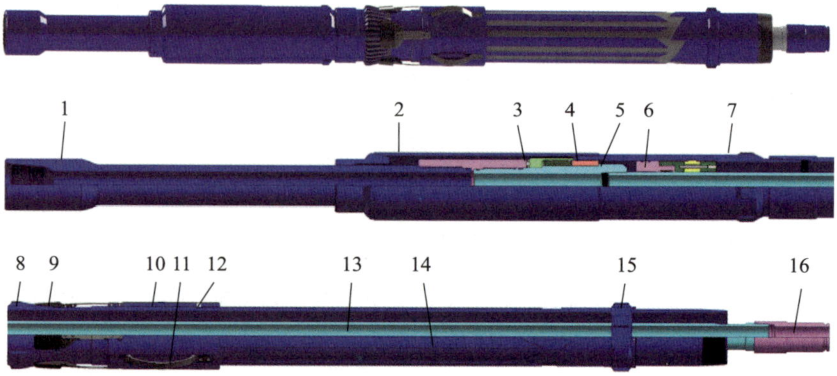

图 4-1-2　轨道式机械尾管悬挂器

1—提升短节；2—回接筒；3—轴承；4—反扣螺套；5—花键轴；6—补芯；7—密封套；8—锥体；9—卡瓦；10—转环套；11—弹簧弓；12—导向销钉；13—中心管；14—轨道槽；15—扶正环；16—接箍

J型槽尾管悬挂器的工作原理：当其下到设计悬挂深度后，先上提钻柱0.5~1m，依靠弹簧片与外层套管内壁的摩擦力，逆时针方向转动，使J型槽内的导向销钉偏转20°~35°，由短槽进入长槽，此时下放送入钻具，锥套使卡瓦张开而卡挂在外层套管内壁上，实现尾管坐挂，然后可进行倒扣丢手、注水泥、替浆作业，最后将送入工具提出。

轨道式尾管悬挂器的工作原理：当其下入到设计深度后，此时导向销钉处于短槽内，上提送入钻具的距离大于短槽长度，依靠弹簧片的摩擦力，放送入钻具的距离大于长槽长度，导向销钉通过转环自动进入长槽，卡瓦便沿着锥体上移与上层套管内壁卡紧，实现尾管坐挂。

2）技术参数

J型槽式尾管悬挂器主要技术参数见表4-1-1。

表 4-1-1 J 型槽式机械尾管悬挂器主要技术参数

规格型号	最大外径/mm	最小内径/mm	额定负荷/kN	送入工具螺纹	耐温性能/℃	密封能力/MPa	尾管胶塞销钉剪切压力/MPa	回接筒有效密封长度/mm
XG 178 × 114	Φ151	Φ99	600	NC38	180	≥25	4~12	≥1000
XG 178 × 127	Φ151	Φ108.6	600	NC38	180	≥25	4~12	≥1000
XG 245 × 140	Φ215	Φ121.4	1200	NC50	120	≥25	4~12	≥1000
XG 245 × 178	Φ215	Φ155	1200	NC50	120	≥25	4~12	≥1000

3）使用方法

J 型槽式机械尾管悬挂器现场操作规程。

（1）入井前检查及准备

①下套管前按要求进行通井作业，调整好泥浆性能，保证套管能顺利下到设计井深。

②校核尾管长度，计算钻杆回缩距，配好送入钻具。

③用通径规对送入钻具逐一通径，钻具接头、配合接头不许有直角台阶。

④起钻时（或通井期间），将钻具提至悬挂器坐挂位置后称重并记录。

⑤校核坐挂位置，悬挂器卡瓦应避开上层套管接箍。

⑥校核指重表和泵压表，保证灵敏准确。

（2）管串组合与下套管

注意：严禁井内及套管内落物；操作要平稳，严禁猛提、猛刹、猛放和转动。

①管串排列：

推荐的管串排列为：

浮鞋+套管+浮箍+套管+锁紧座+套管组合+悬挂器总成+送入钻具+水泥头。

②按顺序下入套管及附件，按标准上够扭矩。每下入 20 根套管灌满泥浆一次。

③悬挂器下面的 2 根套管连续加 2 只扶正器，套管下完后先灌满泥浆再接尾管悬挂器。

④接尾管悬挂器（悬挂器吊上钻台时注意防止磕碰）：提起整个悬挂器总成，在中心管下的接箍上连接上尾管胶塞短节，用管钳将扣上紧。注意倒扣部分有无转动。将尾管胶塞皮碗涂上丝扣油，小心插入套管，然后连接悬挂器与套管，将扣上紧。

此时应注意：

- 严禁在卡瓦、转换支撑套处打大钳；
- 在回接筒内注满稠钻杆丝扣油，然后上紧防砂罩固定销钉；
- 检查卡瓦相对锥体的位置。卡瓦偏向锥体左侧过流槽处，但仍有一半左右附在锥体上；
- 尾管悬挂器入井时（过联顶节和封井器）要缓慢，注意保护好卡瓦、转环支撑套。

⑤尾管称重，并记录。

⑥锁死转盘。

⑦下送入钻具。接送入钻具时打好背钳，严禁下部钻具转动。送入钻杆要边通径边下钻。每下10立柱至少灌满一次泥浆。严格控制下放速度，特别是前2m一定要缓慢，下放正常时再逐渐以正常速度下放，推荐1.5~2.0min/立柱。

⑧将尾管下至预定深度，先灌满泥浆，再接方钻杆。称重、测量摩阻，并记录。

⑨将尾管下至预定深度后开泵循环，排量由小到大。当泵压稳定，井下无异常时进行坐挂。

此时应注意：如果发生中途坐挂，上提至中和点后，再上提钻具2~3m，解除坐挂，慢慢反转钻具一圈，并锁住转盘，等待2min后慢慢下放钻具，恢复正常。

（3）使用操作

①坐挂及倒扣

a）下放钻具1m，再慢慢上提至设计位置；缓慢正转钻具1圈，并锁住转盘，等待2min后慢慢下放钻具。当总悬重下降到等于送入钻具总重量+游车重量时（此时送入钻具回缩距等于或接近于计算值），即坐挂成功。注意：坐挂成功之前严禁提前倒扣。

b）继续下压10~15t，检查坐挂可靠性。

c）保持载荷支撑套承压5~8t，松开转盘，坐钻杆卡瓦，然后正转进行倒扣。累计有效倒扣圈数应不少于20圈。注意：正常情况下，用转盘倒扣时，正转数圈后放松转盘，转盘几乎不回转。若回转严重，可能是载荷支撑套未受压或受压太多，此时应予以调整。

d）将钻具缓慢提至中和点后再上提钻具1.2~1.5m，此时若悬重一直等于上部钻具+游车重量，表明倒扣成功。

e）倒扣成功后将钻具平稳放回倒扣前位置，使悬挂器下压5~10t，接入水泥头（钻杆胶塞已事先装入）按固井要求循环后固井。

②固井及拔中心管

a）管线试压。

b）常规方法注水泥。

c）压钻杆小胶塞。

d）替泥浆。当小胶塞到达大胶塞位置前1.5m^3左右，应降低排量，并保持稳定排量注意泵压表的变化。若泵压明显上升后又回到正常值，说明大小胶塞已经复合，此时应校核替浆计量。

e）当替浆量剩1.5m^3左右时降低排量，碰压并稳压3~5min压力不降。

f）放回水，检查浮箍浮鞋密封情况，卸管汇。

g）正转2~4圈，上提钻具5~6m（注意悬重变化），当送入工具与悬挂器脱开后上提1~3柱，然后大排量循环一周以上，冲出多余水泥浆。循环过程中要转动或上下活动钻具，保证循环干净。

提示：如果要避免悬挂器顶部有水泥塞，可碰压后放回水，将压力降至0，再憋压5~7MPa，然后缓慢上提钻具，观察压力和悬重变化。当压力突然下降时，开泵循环，洗出多余的水泥浆，循环过程中要转动或上下活动钻具，确保井筒及悬挂器处水泥浆循环干净。

（4）起钻

①起钻，起出所有钻柱。

②候凝，候凝期间切不可将钻具滞留在井筒内。

3. 液压式尾管悬挂器

液压式尾管悬挂器按结构可分为单缸单锥、单缸双锥、双缸双锥等类型，主要适用于直井、斜井、深井和超深井。

1）结构原理

液压式尾管悬挂器主要由提升短节、回接筒、密封套、倒扣接头、反扣螺套、推力轴承、中心管、本体、液缸、剪钉、卡瓦、球座、坐封球、钻杆胶塞、尾管胶塞等部件组成，结构见图4-1-3、图4-1-4。液压式尾管悬挂器，采用投球憋压的方式实现坐挂。

使用时配合专用的送入工具，将尾管悬挂器及尾管下入到井内设计深度。投球，当球到达球座后憋压，压力通过悬挂器本体上的传压孔传到液缸内，压力推动活塞上行，剪断液缸剪钉，再推动推杆支撑套，并带动卡瓦上行，卡瓦沿锥面涨开，楔入悬挂器锥体和上层套管之间的环状间隙里，当钻具下放时，尾管重量被支撑在上层套管上。继续打压，憋通球座，建立正常循环。然后进行倒扣、注水泥、替浆作业。最后将送入工具和密封芯子提离悬挂器并循环出多余水泥浆，起钻，候凝。

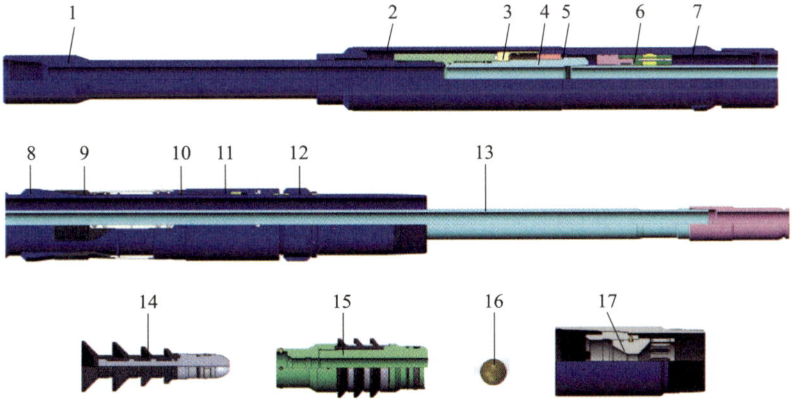

图 4-1-3 单缸单锥液压式尾管悬挂器

1—提升短节；2—回接筒；3—推力轴承；4—倒扣接头；5—反扣螺套；6—密封补芯；7—密封套；8—本体；9—卡瓦；10—剪钉；11—液缸；12—扶正环；13—中心管；14—钻杆胶塞；15—尾管胶塞；16—球；17—球座

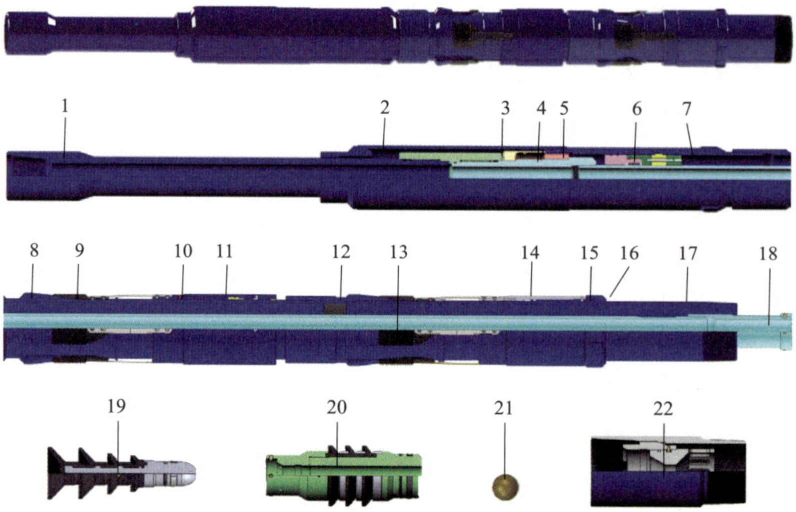

图 4-1-4　双缸双锥液压式尾管悬挂器

1—提升短节；2—回接筒；3—推力轴承；4—倒扣接头；5—反扣螺套；6—密封补芯；7—密封套；8—上本体；9—上卡瓦；10—剪钉；11—上液缸；12—接头；13—下卡瓦；14—下液缸；15—剪钉；16—扶正环；17—下本体；18—中心管；19—钻杆胶塞；20—尾管胶塞；21—球；22—球座

2）使用方法

（1）准备工作

①下套管前彻底通好井，调整好泥浆性能，保证套管能顺利下到设计深度。

②校核尾管长度，仔细计算钻杆回缩距，配好送入钻具。为方便配钻具和投球时卸扣，最好准备1~2根短钻杆，配好钻具后使短钻杆下接头在转盘面附近。

③套管要仔细丈量、清洗丝扣，并使用符合标准的通径规通径；钻具接头、配合接头不许有直角台阶。

④起钻时（或通井期间），将钻具提至悬挂器坐挂位置后，称重并记录。

⑤校核坐挂位置，悬挂器卡瓦应避开上层套管接箍。

⑥校核指重表和泵压表，保证灵敏准确。

（2）管串组合与下套管

注意：严禁井内及套管内落物；操作要平稳，严禁猛提、猛刹和猛放。

①管串排列：球座位置应由所设计的水泥塞高度确定，推荐的管串排列为：浮鞋+套管+浮箍+套管+球座+套管组合+尾管悬挂器总成+送入钻具+（旋转）水泥头。

②按顺序下入套管及附件，按标准上够扭矩。每下入20根套管至少灌满泥浆一次。连接浮鞋、浮箍后，应接方钻杆开泵或通过其他方式检查浮鞋、浮箍的畅通及防回压情况。

③悬挂器下面的两根套管连续加两只扶正器；套管下完后先灌满泥浆再接悬挂器。

④接尾管悬挂器（悬挂器吊上钻台时注意防止磕碰）：提起整个悬挂器总成，先卸掉

中心管接箍，再卸掉悬挂器下端的护丝，然后再连接中心管接箍，并在中心管接箍上接尾管胶塞，并用链钳或管钳将扣上紧。注意倒扣部分有无转动。将尾管胶塞胶碗涂上丝扣油，小心插入套管，然后连接悬挂器与套管，按照套管标准上扣扭矩上紧。

此时应注意：

- 严禁在卡瓦、液缸处打大钳。
- 回接筒内注满钻杆丝扣油，然后上紧防砂罩固定螺钉。
- 尾管悬挂器入井（过联顶节和封井器）时要缓慢，注意保护好卡瓦及液缸。

⑤称重，并做好记录。锁死转盘，以防止尾管转动。

⑥下送入钻具。接送入钻杆时打好背钳，尾管坐挂前严禁下部钻具转动。送入钻杆要边通径边下钻。最多每下10根立柱必须灌满一次泥浆，最好边下边灌。严格控制下放速度（推荐1.5~2.0min/立柱）。中途遇阻循环时，开泵泵压不得超过6.0MPa。

⑦将尾管下至预定深度，先灌满泥浆（注意：注意活动钻具，防止粘卡），再接方钻杆（或顶驱）。称重、测量摩阻，并记录。

⑧调整好钻（方）余。小排量开泵循环泥浆，尽量控制开泵压力不超过6MPa。待泥浆返出后可逐渐增加排量，但尽量使尾管内外流阻之和不超过6MPa，待循环压力稳定时再以正常排量循环。

（3）使用操作

①坐挂及倒扣。

a）先进行试坐挂操作。受井下条件的限制，有时循环压力过高未投球就将液缸剪钉剪断，在这种情况下，若无旋转水泥头或水泥头上无投球孔时，可直接坐挂。

b）如果没有坐挂，则投球（注意：尾管规格不同，所配铜球尺寸不一样）并以小排量泵送。密切注视泵压变化，当球到达球座后憋压11~12MPa，稳压2min，慢慢下放钻具，当总悬重下降到等于送入钻具总重量+游车重量（此时送入钻具回缩距等于或接近计算值）时，坐挂成功。

c）继续下压100~150kN，检查坐挂可靠性。

d）坐挂成功后，继续憋压18MPa左右，憋通球座，建立正常循环。

e）循环正常后停泵，松开转盘，坐钻杆卡瓦，确保载荷支撑套承压50~100kN，然后正转进行倒扣，累计有效倒扣不少于20圈（注意：正常情况下，用转盘倒扣时，正转数圈后放松转盘，转盘应几乎不回转。若回转严重，可能是载荷支撑套未受压或受压太多，此时应予以调整。切记：必须先剪掉球座建立循环，才能倒扣）。

f）将钻具缓慢提至中和点后再上提1.0~1.5m，若悬重一直等于上部钻具+游车重量，表明倒扣成功。

g）倒扣成功后将钻具放回，使悬挂器下压50~100kN，接入水泥头（钻杆胶塞已事先装入），按固井要求循环后固井。

②固井及拔中心管。

a）管线试压。

b）常规方法注水泥。

c）压钻杆胶塞。

d）替泥浆，当钻杆胶塞到达尾管胶塞位置前1.5m^3左右，降低排量并保持稳定排量，注意泵压表的变化。如果观察到了泵压明显上升后又回到正常值，说明胶塞已经复合，此时应校核替浆计量（注意：大多数情况下，无法观察到此压力变化）。

e）当替浆量剩1.5m^3左右时降低排量，碰压。

f）放回水，检查浮箍、浮鞋密封情况。

g）卸管汇。正转2~4圈，缓慢上提钻具5~6m（注意关注悬重变化），当送入工具与悬挂器脱开后上提1~3柱，然后再大排量循环一周以上，确保循环出多余的水泥浆。

提示：若要避免尾管悬挂器顶部有水泥塞，通常做法是：碰压后放回水，将压力降至0，再憋压5~7MPa，然后缓慢上提钻具，观察压力和悬重变化，当压力突然下降时，说明密封芯子即脱离了密封短节，此时开泵循环，洗出多余水泥浆。

重要提示：循环过程中要转动或上下活动钻具，确保井筒及悬挂器处水泥浆循环干净。

（4）起钻

①起钻，起出所有钻柱。

②候凝，候凝期间切不可将钻具滞留在井筒内。

3）技术参数

液压式尾管悬挂器主要技术参数见表4-1-2。

4. 机械液压双作用式尾管悬挂器

液压-机械双作用尾管悬挂器是一种具有双保险坐挂功能的尾管悬挂装置，主要通过液压方式坐挂尾管，一旦液压装置失效，可以借助机械转动来释放卡瓦实现坐挂，坐挂可靠性更高，主要适用于对尾管通径要求较高的井。

1）结构原理

液压-机械双作用尾管悬挂器主要由倒扣上接头、轴承、反扣螺套、本体、弹簧、卡瓦、液缸、坐封挡块、剪钉、芯轴、密封套、中心管等部件组成，结构图见图4-1-5。

液压-机械双作用式尾管悬挂器携带尾管下入到设计井深后，当需要坐挂时，将铜球投下，铜球落至球座后，在输送钻具内进行加压；高压液体通过芯轴上的传压孔进入液缸内。当压力升至液缸剪钉额定剪切压力时，液缸剪钉被剪断，卡瓦在液压力和弹簧力的共同作用下上行并楔紧在本体与外层套管间；此时一经下放，整个尾管柱就会坐挂在外层套管上。继续憋压至剪钉额定剪切压力时，球座剪钉剪断，建立循环通道。

表 4-1-2 尾管悬挂器主要技术参数

型号	上层套管公称直径/mm	尾管公称尺寸/mm	最大外径/mm	最小内径/mm	额定负荷/kN	送入工具螺纹	密封能力/MPa	液缸剪钉剪切压力/MPa	尾管胶塞剪钉剪切压力/MPa	复合胶塞承受回压能力/MPa	回接筒有效密封长度/mm	封隔器坐挂力/kN	封隔器坐封后密封能力/MPa	旋转尾管悬挂器抗扭能力/kN·m
XG 140×89	Φ140	Φ89	Φ117	Φ76	300	NC31	≥25	5~10	4~12	≥10	≥500	200~400	≥35	≥15
XG 140×102	Φ140	Φ102	Φ117	Φ76	300	NC31	≥25	5~10	4~12	≥10	≥500	200~400	≥35	≥15
XG 178×114	Φ178	Φ114	Φ152	Φ99.6	500	NC38	≥25	5~10	4~12	≥10	≥500	200~400	≥35	≥15
XG 178×127	Φ178	Φ127	Φ152	Φ108.6	500	NC38	≥25	5~10	4~12	≥10	≥500	300~500	≥35	≥15
XG 194×127	Φ194	Φ127	Φ166	Φ108.6	600	NC38	≥25	5~10	4~12	≥10	≥500	300~500	≥35	≥15
XG 194×140	Φ194	Φ140	Φ166	Φ121.4	900	NC50	≥25	5~10	4~12	≥10	≥500	300~500	≥35	≥15
XG 219×127	Φ219	Φ127	Φ192	Φ108.6	900	NC50	≥25	5~10	4~12	≥10	≥500	300~500	≥35	≥15
XG 219×140	Φ219	Φ140	Φ192	Φ121.4	900	NC50	≥25	5~10	4~12	≥10	≥500	300~500	≥35	≥15
XG 245×140	Φ245	Φ140	Φ215	Φ121.4	1200	NC50	≥25	5~10	4~12	≥10	≥500	300~500	≥35	≥15
XG 245×178	Φ245	Φ178	Φ215	Φ155	1200	NC50	≥25	5~10	4~12	≥10	≥500	300~500	≥35	≥15
XG 245×194	Φ245	Φ194	Φ245	Φ171.8	1200	NC50	≥25	5~10	4~12	≥10	≥500	300~500	≥35	≥15
XG 273×194	Φ273	Φ194	Φ245	Φ171.8	1800	NC50	≥25	5~10	4~12	≥10	≥500	300~500	≥35	≥15
XG 273×178	Φ273	Φ178	Φ245	Φ155	1800	NC50	≥25	5~10	4~12	≥10	≥500	300~500	≥35	≥15
XG 340×245	Φ340	Φ245	Φ308	Φ220.5	2400	NC50	≥25	5~10	4~12	≥10	≥500	300~500	≥35	≥15
XG 340×273	Φ340	Φ273	Φ308	Φ248	2400	NC50	≥25	5~10	4~12	≥10	≥500	300~500	≥35	≥15
XG 406×340	Φ508	Φ340	Φ460	Φ313	2400	NC50	≥25	5~10	4~12	≥10	≥500	300~500	≥35	≥15

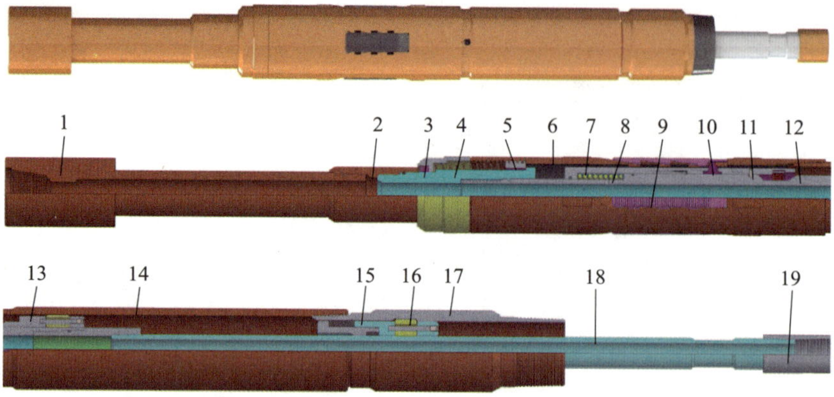

图 4-1-5　液压－机械双作用式尾管悬挂器结构图

1—提升短节；2—倒扣上接头；3—轴承；4—倒扣下接头；5—反扣螺套；6—本体；7—液缸；8—弹簧；9—卡瓦；10—坐挂挡块；11—剪钉；12—芯轴；13—扶正套；14—回接筒；15—密封补芯；16—卡块；17—密封套；18—中心管；19—接箍

进行机械坐挂时，先将整个尾管下放至井底，下压一定重量以确保浮鞋与井底之间没有旋转滑动，随后正转钻具，非均匀分布的液缸剪钉相继剪断。继续正转，当累计倒扣圈数达12~16圈时，卡瓦在弹簧作用下上行楔紧在套管与悬挂器本体间，上提尾管至设计坐挂位置，然后一经下放便可使整个尾管串坐挂在外层套管上。

2）使用说明

液压－机械双作用式尾管悬挂器现场操作同液压式尾管悬挂器，区别在于使用液压方式坐挂无效后，可采用机械方式进行坐挂。首先，把整个尾管放到井底，下压5~10t后，进行倒扣操作；正转钻具12~16圈确保倒扣成功，然后上提至设计坐挂位置；随后下放便可使整个尾管串坐挂在外层套管上。

3）技术参数

液压－机械式尾管悬挂器主要技术参数见表4-1-2。

5. 封隔式尾管悬挂器

与常规尾管悬挂器相比，封隔式尾管悬挂器它具有坐挂、坐封两种功能，能够在套管重叠段环空形成高效永久密封，防止油、气、水窜的发生，能够解决尾管固井过程中重叠段固井质量差的难题。封隔式尾管悬挂器一般使用液压方式坐挂，机械方式坐封封隔器。主要适用于尾管重叠段固井质量不易保证和易发生油、气、水窜的井。

1）结构原理

封隔式尾管悬挂器主要由提升短节、回接筒、胀封挡块、止退环、胶筒、倒扣接头、反扣螺套、密封套、本体、卡瓦、液缸、剪钉、中心管等部件组成，结构图见图4-1-6。

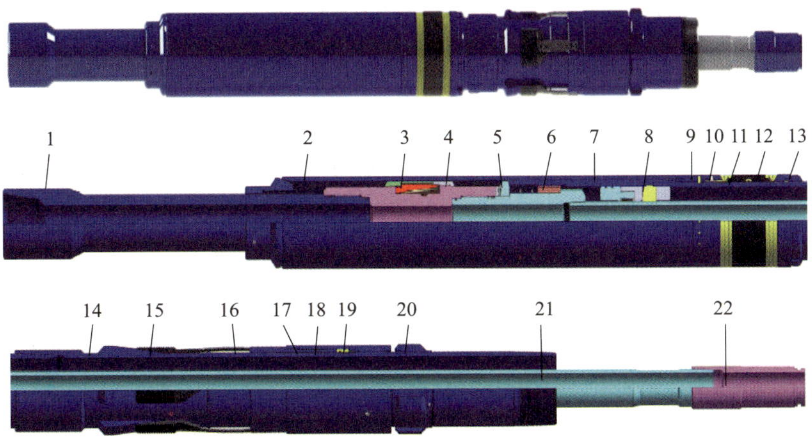

图 4-1-6　封隔式尾管悬挂器

1—提升短节；2—回接筒；3—胀封挡块；4—接头；5—载荷支撑套；6—反扣螺套；7—密封套；8—密封补芯；9—推环；10—锁块；11—背圈；12—胶筒；13—下接头；14—本体；15—卡瓦；16—卡瓦推套；17—液缸；18—活塞；19—剪切销钉；20—扶正套；21—中心管；22—接箍

其原理是，配合尾管送入工具，将封隔式尾管悬挂器及尾管下入到井内设计深度。投球，当球到达球座后憋压，压力通过悬挂器本体上的传压孔传到液缸内，压力推动活塞上行，剪断液缸剪钉，再推动推杆支撑套，并带动卡瓦上行，卡瓦沿锥面张开，楔入悬挂器锥体和上层套管之间的环状间隙里，当钻具下放时，尾管重量被支撑在上层套管上。继续打压，憋通球座，建立正常循环。倒扣及固井作业完成后，缓慢上提送入工具，当胀封挡块提出回接筒后，胀封挡块在弹簧作用下涨开，下放钻具，胀封挡块压在回接筒上面。继续下放钻具，钻具重量通过胀封挡块传至回接筒，再传至封隔器锁紧滑套，剪断销钉后挤压封隔器胶筒，封隔器胶筒在外力下挤压变形，将封隔器本体与外层套管之间的环状间隙封隔住，锁紧滑套自锁。最后将送入工具和密封芯子提出井口。

2）使用方法

封隔式尾管悬挂器安装、下放、坐挂、丢手、固井施工等操作流程与普通液压式尾管悬挂器相同，区别在于替浆结束碰压之后要机械坐封封隔器。

（1）操作过程

①在悬挂器丢手后，上提钻具验证时，上提高度不能超过安全上提高度，以免将封隔器胀封挡块从回接筒内提出，再下放时将使封隔器涨开，从而导致固井事故。万一将胀封挡块提出回接筒，下放钻具不能超过5t。

②固井碰压完毕后，缓慢上提钻具至中和点后再上提1.5~2m，然后再下放钻具，使封隔器受压30~50t，坐封封隔器。

③封隔器胀封后，上提钻具5~6m（注意悬重变化）。当送入工具与悬挂器脱开后上提1~3柱，大排量循环一周以上，循环出多余的水泥浆。

④如果要避免尾管悬挂器顶部有水泥塞，通常的做法是：封隔器胀封后放回水，将压力

降至0MPa，再憋压5~7MPa，然后缓慢上提钻具，观察压力和悬重变化，当压力突然下降时，说明密封芯子已脱离了密封短节，此时开泵循环出多余水泥浆。

（2）注意事项

①循环出多余水泥浆时，要转动或上下活动钻具，确保井筒及悬挂器处水泥浆循环干净。

②固井完毕后候凝期间，不宜将钻具留在井内。

3）技术参数

封隔式尾管悬挂器主要技术参数见表4-1-2。

6. 膨胀式尾管悬挂器

膨胀式尾管悬挂器是膨胀管技术在尾管悬挂领域的应用。该技术原理与卡瓦式尾管悬挂器完全不同，是通过液压或机械驱动力迫使膨胀锥运动，将膨胀管胀大并紧密贴合在上层套管内壁上，形成可靠密封，同时承受尾管悬重的一种新型尾管悬挂器。与卡瓦式悬挂器相比，该悬挂器具有通径大、环空密封可靠、悬挂力大、可旋转等特点，可用于分支井、斜井、水平井、深井、超深井、高温高压井、含H_2S井等各种井型。主要适用于裸眼段尾管与井眼间隙较小的井以及重叠段密封要求高的井。

1）结构原理

膨胀式悬挂器主要由连接机构、悬挂机构、扭矩传递机构和回结机构等部分组成，包括外筒体、膨胀锥、中心管、可捞式盲板和送入工具等部件。其中外筒体用于连接钻具及尾管并传递扭矩，膨胀锥、膨胀管及中心管等组成悬挂机构用于实现膨胀作业，连接机构用于与上端钻柱组合及下端尾管相连。膨胀式尾管悬挂器见图4-1-7。

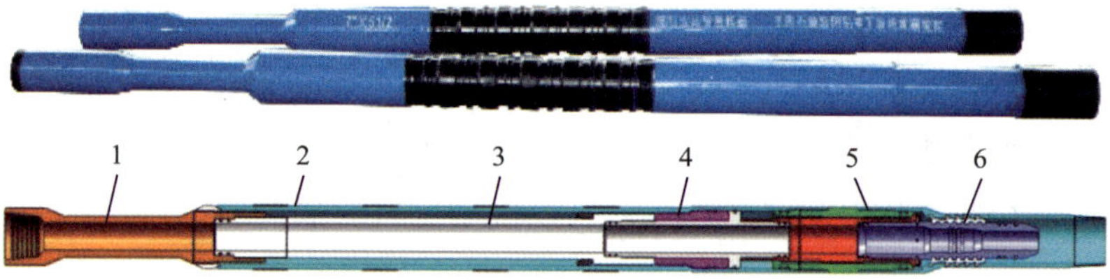

图4-1-7 膨胀式尾管悬挂器

膨胀式尾管悬挂器工作原理：利用膨胀管技术，从中心管加液压力，将由一段膨胀管制成的悬挂器本体向外涨开，使其内径变大，与上一层套管内壁接触、挤压和变形，最终牢牢贴附于上一级套管内壁上，形成牢固的锚定连接，从而实现尾管悬挂器的悬挂尾管和环空密封的功能。

2）使用说明

（1）入井前准备与检查

①悬挂器坐挂位置应选择腐蚀或磨损较小、环空封固质量较好、椭圆度较小的外层

套管内，宜选择直井段或井斜较小的井段，重叠段长不应小于20m。

②送入钻杆应逐柱通径，通径规最大外径应比钻杆接头内径小3mm，且钻杆接头内壁不得有直角台阶。

③所有入井工具入井前必须用标准通径规通径、丈量、清洗丝扣并编号。

④应使用刮管器对井内套管进行刮管，在悬挂器坐挂位置上下50m范围内刮管不少于3次。

⑤按照装箱单检查尾管悬挂器、回接装置、各附件是否齐全。

⑥按照现场检查表对各部件进行检查、测量与记录，检查内容应包括：

- 外观应完好。
- 各部件技术参数应满足作业要求。
- 丝扣、密封件及销钉应完好。
- 浮箍、浮鞋应密封完好。
- 丝扣和尾管胶塞尺寸应与套管匹配，钻杆胶塞应与钻杆匹配，憋压球应与球座匹配。

（2）管串组合与下尾管

①推荐的管串排列：浮鞋+套管+浮箍+套管+碰压座+套管串+膨胀式尾管悬挂器总成+送入钻具+水泥头；

②按顺序下入套管串，按标准扭矩上扣；

③连接浮鞋、浮箍后，检查其畅通及防回压情况，每下入5~10根套管灌满泥浆一次；

④按设计要求安放扶正器，尾管悬挂器以下两根套管各加一只刚性扶正器，弹性扶正器应能符合标准GB/T 19831的要求；

⑤下完尾管，灌满泥浆后再连接尾管悬挂器；在回接筒内灌满钻杆丝扣油或专用填充液，盖好筛帽，紧固螺钉。

⑥称重，做好记录，锁死钻盘。

⑦管串下放速度应控制在1.5~2.0min/立柱，送入管串宜逐柱灌浆。

⑧尾管下入过程遇阻，可通过开泵循环和上下提放管柱方式解阻，循环压力应低于额定坐挂压力和丢手压力较低者的80%。

⑨在下最后一根单根前，先灌满泥浆，再接最后一根单根及钻杆水泥头，上提、下放称重并记录；

⑩小排量开泵循环，待泥浆返出后可逐渐增加排量，循环压力应低于额定坐挂压力的80%，循环压力稳定后再按设计顶替排量循环，总循环量不少于两周。

（3）固井施工

①连接固井管线，泥浆泵、水泥车与钻杆水泥头间的固井管线应有阀门单独控制；

②固井前应对固井管线清水试压至额定工作压力的80%；

③按照固井设计完成固井施工作业。

（4）坐挂和丢手

①碰压后利用固井车缓慢加压至膨胀式尾管悬挂器坐封压力完成坐挂；

②胶塞无碰压或无法稳压时，应向钻具内投入配套的铜球，待铜球落入悬挂器球座后，打压完成坐挂。

（5）起钻与候凝

3）技术参数

膨胀式尾管悬挂器主要技术参数见表4-1-2。

7. 旋转式尾管悬挂器

1）结构原理

旋转尾管悬挂器主要由提升短节、回接筒、可旋转液压丢手、密封总成、轴承和坐挂承载机构等组成，结构如图4-1-8所示。旋转尾管悬挂器连接在尾管上端，提升短节与上部送入钻具相连。尾管下入过程中可采用顶驱或转盘驱动钻具旋转，而钻具则通过可旋转液压丢手将扭矩传递到下部尾管，从而带动尾管实现旋转下入。当尾管送入到设计深度后，投球憋压使承载机构卡瓦涨开实现坐挂。继续憋压实现丢手，确认丢手后憋通球座，建立正常循环。此时，尾管重力完全作用在卡瓦和轴承上。固井替浆过程中，可通过旋转钻具带动尾管旋转，从而提高水泥浆环空顶替效率，同时旋转搅动可使水泥浆在环空分布得更加均匀，从而有效提高小间隙井的固井质量。

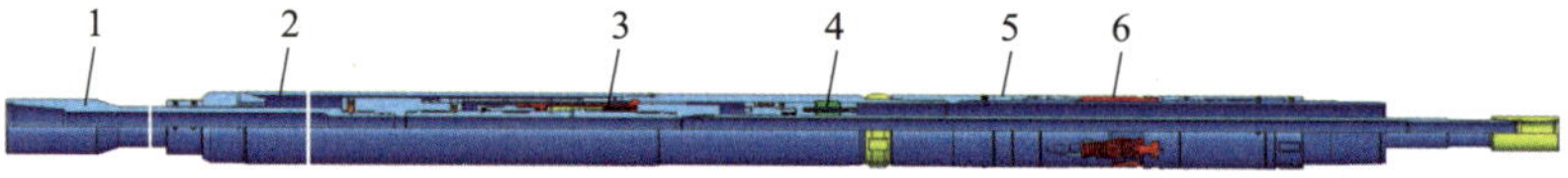

图4-1-8　旋转式尾管悬挂器

1—提升短节；2—回接筒；3—可旋转液压丢手；4—轴承；5—坐挂承载机构

2）操作方法

旋转尾管固井的目的是替浆过程中通过旋转管柱提高水泥浆顶替效率，然而固井前的循环和旋转也很重要，其直接关系到固井时是否能够正常旋转。因此，当尾管下入到位后，应采用逐渐增大排量和间歇旋转的方法，一方面使井内岩屑分批少量返出，不至于出现憋堵或井漏；另一方面防止管柱长时间静止出现粘卡，导致固井时无法旋转。当排量达到固井要求且持续旋转管柱，泵压和扭矩正常时，才可以进行坐挂和丢手操作。可根据现场井况选择在循环后，泵入5~10m^{3}稠浆进行模拟旋转固井作业，从而更好地清洁井眼。

与常规尾管固井相比，旋转尾管固井在固井注液流程和顶替排量等方面大致相同，最佳的旋转时机是水泥浆出尾管鞋后，通过持续旋转起到提高顶替效率的最佳效果。

现场操作时为防止计量不准，一般在冲洗液出尾管鞋时开始旋转管串，旋转速度控制在8~16r/min为最佳，可根据实际旋转扭矩和环空间隙调整，当领浆返至尾管悬挂器处或泵压和旋转扭矩急速增大时，管串停止旋转。

8. 压力平衡式尾管悬挂器

1）结构原理

中途循环是解决尾管下入困难和降低固井漏失风险的一种有效手段。然而，传统的液压尾管悬挂器多采用管内憋压坐挂的原理，为防止卡瓦提前坐挂，尾管下入过程中需严格控制管内压力，从而极大地限制了循环排量，无法达到中途循环洗井的要求和目的。压力平衡式尾管悬挂器可有效解决超深井尾管下入困难和固井漏失等问题。

压力平衡式尾管悬挂器主要由机械丢手、密封芯子、球座式胶塞和双向牵制型坐挂机构等部分组成，结构如图4-1-9所示。

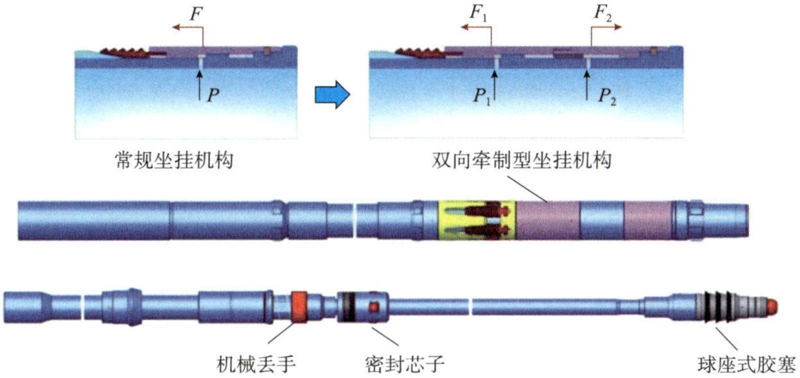

图 4-1-9 压力平衡式尾管悬挂器结构示意图

常规液压尾管悬挂器的坐挂机构只有1组液缸，通过管内憋压实现卡瓦坐挂。而压力平衡式尾管悬挂器的坐挂机构是基于压力平衡原理的双向牵制型液缸。当中途循环管内产生高压时，由于双向液缸处的压力相等，且液缸作用面积相等，导致产生的液压力F_1和F_2相互抵消。因此，坐挂机构不会推动卡瓦实现坐挂，彻底消除了循环憋堵或异常高压导致卡瓦提前坐挂的风险，从而允许尾管下入过程中的大排量、高泵压循环洗井或快速的上提下放等操作。

球座式胶塞集常规尾管胶塞和球座功能于一体，主要包括胶碗组件和球座机构两部分，安装于双向牵制型坐挂机构的两个传压孔之间。一是作为尾管下到位后的坐挂激发机构，当憋压球到达球座处，由于胶碗组件的环空封隔效果，导致双向液缸产生的液压作用力$F_1>F_2$，从而驱动坐挂机构实现尾管悬挂。二是作为尾管胶塞，能够与钻杆胶塞复合并憋压剪脱，从而顶替套管内的水泥浆，完成固井作业。另外，与常规尾管悬挂器相比，球座位于尾管悬挂器内部，而不是尾管串底部。这样一方面减小了憋压球的下落距离，缩短了时间，提高了超深井憋压球的到位可靠性；另一方面，在憋通球座时，尾管串能够充分缓冲瞬间高压（>20MPa），减轻了其对裸眼地层的冲击，防止压漏地层。

2）性能参数

压力平衡式尾管悬挂器规格和性能参数见表4-1-3。

表 4-1-3 压力平衡式尾管悬挂器规格和性能参数

规格	最大外径/mm	最小内径/mm	承载能力/kN	坐挂压力/MPa	耐温能力/℃	允许循环排量/（m^3/min）
Φ244.5mm×Φ177.8mm	Φ215	Φ157	1800	8~9	150	不受工具限制
Φ237.1mm×Φ193.7mm	Φ238	Φ172	2400	8~9	150	
Φ219.1mm×Φ168.3mm	Φ188	Φ145.7	1200	8~9	150	
Φ365.1mm×Φ273.1mm	Φ322	Φ245	3400	6~7	120	

3）施工工艺

（1）管串结构

超深井尾管下入过程中易出现遇阻遇卡、高压气侵和失返性漏失等问题。为更好地实现尾管下入中途循环，并保证尾管安全快速下放到位和尾管固井，采用压力平衡式尾管悬挂器时推荐的管串组合为：送入钻具+压力平衡式尾管悬挂器（球座式胶塞）+尾管串（扶正器）+碰压座+1~2根套管+浮箍+1~2根套管+浮箍+1根套管+1根短套管（约1~2m）+浮鞋。扶正器的配置方案为：重叠段每隔2~3根套管安装1只滑动摩阻较小的螺旋树脂刚性扶正器；裸眼段每隔2~3根套管安装1只高可靠性、复位力大的整体式弹性扶正器，这样既可以保证管串居中效果，又能够显著减小下入摩阻。

（2）分段循环

分段循环是指在尾管下入过程中多次的主动开泵循环钻井液，一方面可以有效排出后效气体降低高压气井的井控风险；另一方面可以降低尾管到位后的顶通和循环压力，预防循环和固井时漏失。结合压力平衡式尾管悬挂器循环排量和泵压不受限制的特点，当尾管下入到上层套管鞋的位置时，开泵循环1~2 h，充分活动钻井液或排除井内的侵入气体后再下放套管进入裸眼段；裸眼段若无特殊情况一般不再开泵循环，当尾管下入到设计深度后，再顶通循环洗井。若下入过程中出现井漏或遇阻，则可继续开泵循环堵漏或解阻。对于有高压气体侵入的井，可根据气体侵入量适时地进行分段循环。推荐的操作为：在尾管下入到上层套管鞋位置时循环一个环空容积，将后效气排出后再送钻进入裸眼。若后效气体量较大时，可根据现场实际情况采取每300~500m循环一次的方式，分多次循环排出后效气体，进入裸眼后每次循环时间控制在30min以内，并间歇活动管串防止套管粘卡。

（3）循环解阻

在充分进行井眼准备后，尾管下入遇阻最可能的原因是井壁失稳坍塌或压差粘卡，而井壁坍塌导致的遇阻也分为套管中段卡钻和套管前端井眼坍塌遇阻两种不同的类型。因此，当尾管下入遇阻时，首先可以根据上提下放的管串悬重、管柱回缩距和循环泵压变化等现象综合判断遇阻的类型，当判断为套管前端井眼坍塌导致的遇阻时，首先开泵顶通并逐步提高排量至1.0m^3 /min左右（可根据泵压适当调整），然后缓慢下放管串，若泵压迅速升高或悬重快速下降，则停止下放，继续循环10~15min，然后再缓慢下放管串，如此反复，直到通过遇阻点；当判断为套管中部遇阻时，则就地开泵顶通后逐步提高循环排量，同时每隔3~5min上提、下放活动管柱1次，防止套管静止过长导致粘卡，一般每次循环30min，或者直到循环泵压无明显变化后，尝试下放管柱通过遇阻点；若判断为压差粘卡导致的遇阻，则要开泵充分清洗井眼，然后注入解卡剂，期间可采用上提、下放管柱的方式配合解卡。

（4）固井替浆

超深井由于井深、尾管段长等导致替浆的准确性难以保障。而压力平衡式尾管悬挂器特殊的球座式胶塞剪脱机构，与钻杆胶塞复合时井口往往能观察到明显的压力变化，从而可以及时校核替浆量；同时胶碗良好的大间隙高压密封性能，又能保证其在套管内具有较好的隔离和刮拭效果，从而为超深井长尾管的固井替浆提供了良好的保障。固井替浆时一般推荐的施工工艺为：在投入钻杆胶塞后，以正常的固井替浆排量进行钻具内的水泥浆顶替；当距离胶塞复合还有2~3m^3时，降低排量至1m^3/min以下，观察胶塞复合的压力显示，当观察到泵压先迅速升高后又瞬间降低到复合前泵压时，说明胶塞复合完成；此时校核替浆量，并迅速提高替浆排量至正常的固井排量；再附加顶替一个套管容积并观察碰压情况，若到量无碰压显示则立即停止顶替。

9. 双锥双液缸液压尾管封隔悬挂器

1）结构组成

双锥双液缸尾管封隔悬挂器主要由悬挂器本体总成、封隔器总成、密封总成、送入工具等件组成。其中：悬挂器为双液缸、双锥双排卡瓦、液压坐挂；封隔器为机械坐封。

（1）悬挂器本体总成：由卡瓦套筒、液缸、内嵌卡瓦等件组成。见图4-1-10。

图 4-1-10　悬挂器本体总成

（2）封隔器总成：由本体、胶筒、锁紧机构等件组成。见图4-1-11。

图 4-1-11　封隔器总成

（3）送入工具：由防砂罩、提升短节、胀封挡块、倒扣总成及中心管组成。见图4-1-12。

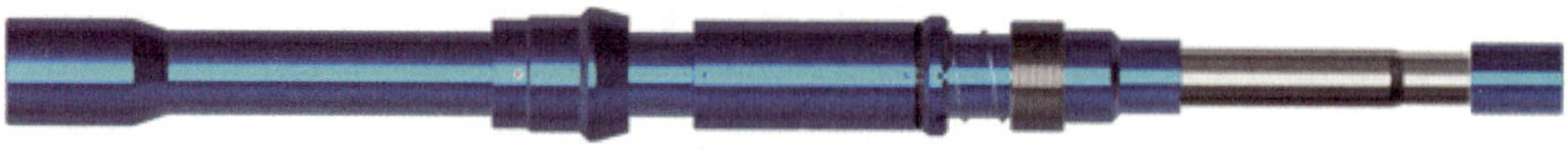

图 4-1-12　送入工具总成

（4）胶塞（钻杆胶塞和尾管胶塞，见图4-1-13和图4-1-14）。

图 4-1-13　钻杆胶塞

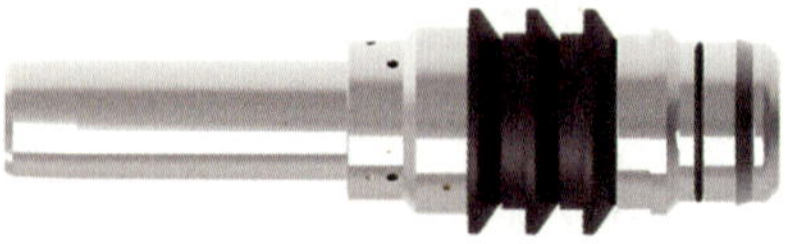

图 4-1-14　尾管胶塞

（5）双级球座总成：见图4-1-15。

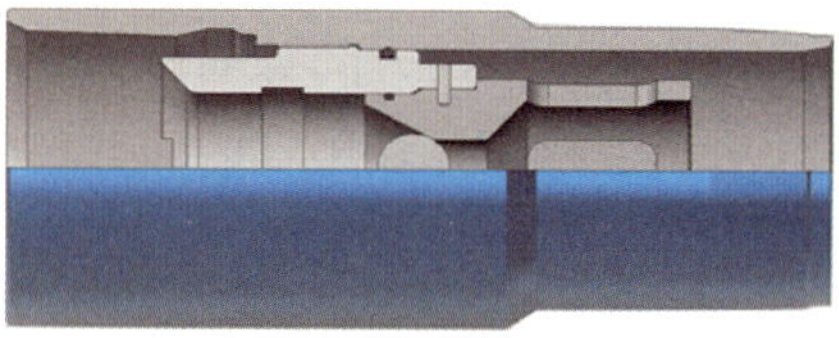

图 4-1-15　球座

（6）浮箍、浮鞋：两个独立部件，可选配。见图4-1-16、图4-1-17。

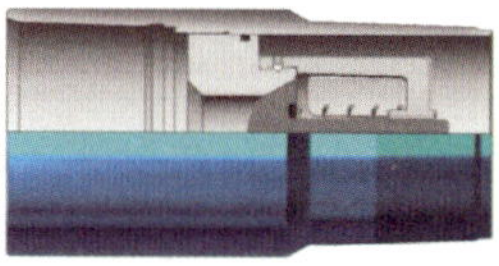

图 4-1-16　浮箍

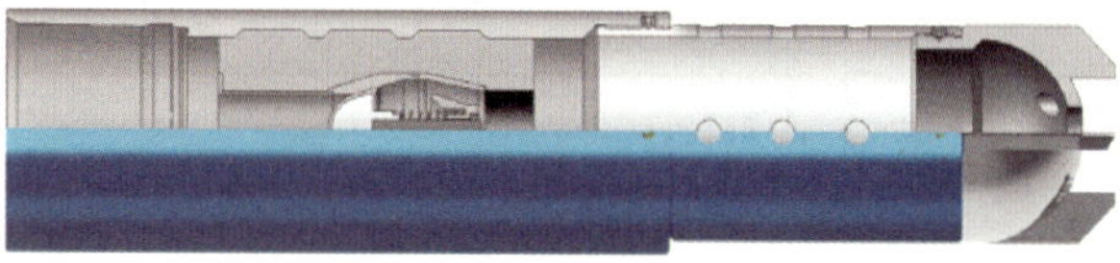

图 4-1-17　浮鞋

2）工作原理

双锥双液缸尾管封隔悬挂器采用液压坐挂悬挂器、机械坐封封隔器方式。使用时配合专用的送入工具，将尾管封隔悬挂器及尾管下入到井内设计深度。投球，当球到达球座后憋压，压力通过悬挂器本体上的传压孔传到液缸内，压力推动活塞上行，剪断液缸剪钉，再推动卡瓦推套，并带动卡瓦上行，卡瓦沿锥面涨开，楔入悬挂器锥体和上层套管之间的环状间隙里，当钻具下放时，尾管重量被支撑在上层套管上。继续打压，憋通球座，建立正常循环。正转倒扣使送入工具与悬挂器分离。倒扣及固井作业完成后，缓慢上提送入工具，当胀封挡块提出回接筒后，胀封挡块在弹簧作用下涨开，下放钻具，胀封挡块压在回接筒上端面。继续下放钻具，钻具重量通过胀封挡块传至回接筒，再传至封隔器锁紧套，剪断销钉后挤压封隔器胶筒，使之变形，封隔封隔器本体与外层套管之间的环状间隙，再下压一定吨位锁紧套剪钉剪断后卡瓦锁紧。最后将送入工具和密封芯子提出井口。

3）性能特点

（1）同时具有在注水泥前坐挂尾管、注水泥后立即封隔尾管与套管环空的两种功能。

（2）可承受较大的正负压差作用，即使尾管重叠段封固段质量不好，也可确保完井作业的顺利完成。

（3）液压控制实施坐挂，坐挂及倒扣后机械坐封。

（4）悬挂器材料采用P110-SUPCr13，具有强度高，耐CO_2腐蚀等特性。

（5）胶塞、球座均设计有锁紧机构，且具有良好的可钻性。

（6）密封芯子能随送入工具提出井口，节省钻密封芯子时间。

（7）内嵌式卡瓦，提高坐挂后过流面积，减少循环泵压。

（8）保护卡瓦免于运输、吊装、入井损坏。

（9）倒扣丢手无须找中和点，只要将送入钻具下压5~10t、正转，即可轻易倒开扣。

4）技术参数

双锥双液缸尾管封隔悬挂器技术参数见表4-1-4。

表 4-1-4 德州地平线尾管悬挂器主要技术参数

序号	参数名称	技术参数	
		10 ¾″ × 7″	9 ⅝″ × 5 ½″
1	额定负荷/t	180	160
2	封隔器坐封压力/t	25	10
3	封隔器坐挂剪钉剪断压力/t	29	12
4	封隔器密封能力/MPa	70	35
5	悬挂器载荷支撑套承载能力/t	18	16
6	密封芯子密封能力/MPa	>25	>25
7	液缸剪钉剪断压力/MPa	9 ± 1	9
8	球座剪钉剪断压力/MPa	17~18	18
9	尾管胶塞剪钉剪断压力/MPa	12~13	12
10	判断倒扣最大允许上提高度/m	1.3	1.3
11	本体最大外径/mm	Φ238	Φ215
12	本体内径/mm	Φ157	Φ121
13	回接筒长度/mm	2800	2800
14	回接筒外径/mm	Φ225	Φ208
15	回接筒内径/mm	Φ190	Φ187
16	钻杆胶塞总长/mm	325	332
17	尾管胶塞胶碗外径/mm	Φ166	Φ126
18	适用尾管壁厚/mm	10.36	10.54

续表

序号	参数名称	技术参数	
		10 3/4″×7″	9 5/8″×5 1/2″
19	挂胶球直径/mm	Φ47	Φ42
20	适用上层套管钢级	P110	P110
21	适用上层套管壁厚/mm	12.57	11.99
22	提升短节上接头扣型	410（NC50）	410（NC50）
23	适用的尾管扣型	BGT2	BGT2

5）使用方法

（1）现场检查与组装

a）首先按照装箱单检查双锥双液缸尾管封隔悬挂器及各附件是否齐全。应包含尾管封隔悬挂器本体、球座、铜球、大小胶塞及选配的浮箍、浮鞋、通径规等。

b）对各部件进行认真仔细检查、测量与记录。主要检查内容包括：各件外观是否正常，有无被摔碰；封隔器胶筒有无破裂，各剪钉、导向钉是否齐全；密封件是否完好；各件是否匹配，丝扣是否完好；内部是否有杂物；浮箍、浮鞋密封情况；丝扣、胶塞尺寸是否与使用的套管匹配；性能参数是否满足作业要求等。

（2）准备工作

a）下套管前彻底通好井，调整好泥浆性能，保证套管能顺利下到设计深度。

b）校核尾管长度，仔细计算钻杆回缩距，配好送入钻具。为方便配钻具和投球时卸扣（指无旋转水泥头），最好准备1~2根短钻杆，配好钻具后使短钻杆下接头在转盘面附近。

c）套管要仔细丈量、清洗丝扣，并使用符合标准的通径规通径；5″钻杆通径规直径要求68mm以上，钻具接头、配合接头不许有直角台阶。

d）起钻时或通井时，将钻具提至悬挂器坐挂位置后，称重、测量摩阻，并记录。

e）校核坐挂位置，悬挂器卡瓦应避开上层套管接箍。

f）校核指重表和泵压表，保证灵敏准确。

（3）下套管

a）管串排列：球座位置应由所设计的水泥塞高度确定，推荐的管串排列为：浮鞋+套管+浮箍+套管+球座+套管组合+尾管封隔悬挂器+送入钻具+水泥头。

b）按顺序下入套管及附件，按标准上够扭矩。每下20根套管至少灌满泥浆一次。连接浮鞋、浮箍后，应接方钻杆开泵或通过其他方式检查浮鞋、浮箍的畅通及防回压情况。

c）悬挂器下面的两根套管连续加两只扶正器；套管下完后先灌满泥浆再接悬挂器。

d）接尾管悬挂器（悬挂器吊上钻台时注意防止磕碰）：提起整个悬挂器总成，先卸掉中心管接箍，再卸掉悬挂器下端的护丝，然后再连接中心管接箍，并在中心管接箍上接尾管胶塞，并用链钳或管钳将扣上紧。注意倒扣部分有无转动。将尾管胶塞胶碗涂上丝扣油，小心插入套管，然后连接悬挂器与套管。

注意：

①严禁在封隔器总成、悬挂器卡瓦及液缸处打大钳。

②在回接筒内注满钻杆丝扣油，然后上紧防砂罩固定螺钉。

③尾管悬挂器入井（过联顶节和封井器）时要缓慢，注意保护好卡瓦及液缸。

e）称重，并做好记录。锁死转盘，以防止尾管转动。

f）下送入钻具。接送入钻杆时打好背钳，尾管坐挂前严禁下部钻具转动。送入钻杆要边通径边下钻。每下10根立柱至少灌满一次泥浆，最好边下边灌。严格控制下放速度（推荐1.5~2.0min/立柱）。中途遇阻循环时，开泵泵压不得超过6.0MPa。

g）将尾管下至预定深度，先灌满泥浆（注意：活动钻具，防止粘卡），再接方钻杆或顶驱。称重、测量摩阻，并记录。

h）调整好钻（方）余。小排量开泵循环泥浆，尽量控制开泵压力不超过6MPa。待泥浆返出后可逐渐增加排量，但尽量使尾管内外流阻之和不超过6.0MPa，待循环压力稳定时再以正常排量循环。

（4）坐挂及倒扣

a）先进行试坐挂操作。受井下条件的限制，有时循环压力过高未投球就将液缸剪钉剪断，在这种情况下，钻具决不能上提（上提后不能放到原位），若无旋转水泥头或水泥头上无投球孔时，可直接坐挂。

b）如果没有坐挂，则投球，并以小排量泵送（或等待）。密切注视泵压变化，当球到达球座后憋压11~12MPa，稳压2min，慢慢下放钻具，当总悬重下降到等于送入钻具总重量+游车重量时（此时送入钻具回缩距等于或接近计算值），即坐挂成功。

c）继续下压15t，检查坐挂可靠性。

d）坐挂成功后，上提钻具至中和点，憋压18MPa左右，憋通球座，建立正常循环。

e）无异常时停泵，松开转盘，坐钻杆卡瓦，确保载荷支撑套承压5~10t，然后正转进行倒扣，累计有效倒扣不少于30圈（注意：正常情况下，用转盘倒扣时，正转数圈后放松转盘，正常情况下，转盘应几乎不回转。若回转严重，可能是载荷支撑套未受压或受压过大，此时应予以调整。切记：必须先剪掉球座建立循环，才能倒扣）。

f）将钻具缓慢提至中和点后再上提0.8~1.0m（注意：上提距离绝对不能超过1.3m，否则坐封挡块将被提出回接筒，再下压时将使封隔器涨开；若坐封挡块被提出回接筒，下放钻具时封隔器受压不能超过10t，此时，钻具不能放到原位），若悬重一直等于上部钻具+游车重量，表明扣已倒开。

g）倒扣成功后将钻具放回，使悬挂器下压5~8t，接入水泥头（钻杆胶塞已事先装入），按固井要求循环后固井。

（5）固井

a）管线试压。

b）按固井设计要求注入水泥浆。

c）压钻杆胶塞。

d）替泥浆，当钻杆胶塞到达尾管胶塞位置前1.5m^3左右，降低排量，注意泵压表的变化。若泵压明显上升后又回到正常值，说明胶塞已经复合，此时应校核替浆计量（注意：大多数情况下，无法观察到此压力变化）。

e）当替浆量剩1.5m^3左右时降低排量，碰压。

f）放回水，检查浮箍、浮鞋密封情况。卸管汇。

（6）坐封封隔器、提出中心管

a）正转2~4圈，缓慢上提钻具至中和点后再上提1.5~2m，然后再下放钻具，使封隔器分阶梯加压：加压载荷15t，稳定5min；加压载荷20t，稳定5min；加压载荷25t，稳定10min坐封封隔器；继续加压载荷32~35t左右剪断剪钉使封隔器卡瓦坐挂，稳定10min，完全坐封坐卡。

b）封隔器坐封后，上提钻具5~6m（注意悬重变化）。当送入工具与悬挂器脱开后上提1~3柱，大排量循环一周以上，循环出多余的水泥浆。（重要提示：循环过程中要转动或上下活动钻具，保证循环干净。）

c）起钻，候凝（注意：不可将钻具留在井内候凝）。

6）尾管回接操作程序

（1）下套管前准备

a）认真做好套管丈量、通径及清洗丝扣工作。

b）计算好套余（套管高出转盘面高度）。排好套管串。

c）准备长度差0.5m左右的数根短套管，便于现场调整（由于丈量误差和套管余扣不确定，理论计算套余不可能与实际完全吻合）。

（2）磨铣回接筒

a）连接专用铣鞋，下钻，磨铣回接筒内表面，以使回接筒内无毛刺和水泥块。

b）当铣鞋接触密封外壳顶部时（根据泵压和钻压变化判断），记录铣鞋深度，上提钻具1m。

c）在40~50r/min、正常钻进排量下缓慢下放钻具，磨铣回接筒内表面2~3次，每次3~4min。最后一次磨铣至扭矩突然增大时（即铣到密封外壳顶部时）加压2~3t，再磨铣5min，并记录此时的铣鞋深度。该深度可作为套管下深的重要依据。

d）上提钻具1.5m，大排量清洗5min，将磨铣下的水泥循环出井。

e）起钻，检查铣鞋的磨损情况，如果有一圈明显的磨痕，并且其直径等于悬挂器密封外壳左旋梯形内螺纹直径，表明已磨铣到回接筒底部。

（3）下回接套管、固井

a）下入回接套管串。排列顺序：回接插头+套管+节流浮箍+套管串。

b）适当控制下放速度，及时灌满泥浆。

c）当回接插头接近回接筒时，在10L/s排量下缓慢下放管串，注意泵压变化，当泵压突然升高时，停泵，然后，继续缓慢下放直到悬重突然下降，表明回接插头接箍已接触到回接筒顶部。记录方余。

d）开泵憋压5.0MPa，检查插头密封情况。泄压，上提套管2m，使插头循环孔位于回接筒以上，而插头导向头位于回接筒内。

e）循环泥浆，按固井设计程序固井、压胶塞、替浆、碰压。

f）碰压后附加3~5MPa，缓慢下放管串，使回接插头坐到回接筒顶部，并下压10~20t套管重量。

g）卸压检查回流，如果无回流，说明插头密封良好。若有回流，应憋压候凝。

h）候凝。

10. 耐腐蚀全通径高封隔内嵌式悬挂器

1）结构组成

耐腐蚀全通径高封隔内嵌式尾管悬挂器是一种集耐腐蚀、尾管顶部环空封隔及液压内嵌卡瓦于一体的尾管悬挂特殊装置。主要由内嵌卡瓦尾管悬挂器、高温高压尾管顶部封隔器、送入工具等组成（图4-1-18）。尾管悬挂器的入井和坐挂可靠性、承载能力和过流面积等性能是该工具的关键指标。与常规悬挂器相比，该尾管悬挂器系统主要包括内嵌卡瓦坐挂机构、顶部封隔装置、坐封机构等功能单元。其中，内嵌卡瓦坐挂机构能够提供更高的承载能力，且坐挂的过流面积更大；顶部封隔装置在固井结束后封隔环空，防止地层流体上窜。

图4-1-18 耐腐蚀全通径高封隔内嵌式悬挂器

2）工作原理

尾管封隔悬挂器采用液压坐挂悬挂器、机械坐封封隔器方式。使用时配合专用的送入工具，将尾管封隔悬挂器及尾管下入到井内设计深度。从井口将一憋压球投进送入钻柱，从井口憋压，当球到达球座后憋压，压力通过悬挂器本体上的传压孔传到液缸内，压力推动活塞上行，剪断液缸剪钉，再推动支撑套，并带动卡瓦上行，卡瓦沿斜面涨开，楔入悬挂器锥体和上层套管之间的环状间隙里，当钻具下放时，尾管重量被支撑在上层套管上。继续打压，憋通球座，建立正常循环。倒扣及固井作业完成后，缓慢上提送入工具，当胀封挡块提出回接筒后，胀封挡块在弹簧作用下涨开，下放钻具，胀封挡块压在回接筒上面。继续下放钻具，钻具重量通过胀封挡块传至回接筒，再传至锁紧滑套，剪断销钉后挤压封隔器胶筒，封隔器胶筒在外力下挤压变形，将封隔器本体与套管之间的环状间隙封隔住，锁紧滑套自锁。最后将送入工具和密封芯子提离悬挂器并循环出多余水泥浆，起钻，候凝。

3）性能特点

（1）采用先进的内嵌卡瓦机构，过渡面积更大。

（2）内嵌卡瓦具有复合斜面、立体承载机构，能够承受更重的尾管负荷。

（3）液压控制实施坐挂，可用于各种井况。

（4）胶塞、球座均设计有锁紧机构，且具有良好的可钻性。

（5）密封芯子能随送入工具提出井口，节省了钻密封芯子时间。

（6）密封总成采用“W”形多组密封件，具有双向密封功能，密封效果佳。

（7）尾管悬挂器上下均配有扶正环，既可以保证尾管悬挂器居中，提高坐挂成功率，又可以保护液缸、卡瓦不受损伤。

（8）倒扣丢手无须找中和点，只需将送入钻具下压一定吨位，正转，即可轻易倒开扣。

4）技术参数

液压尾管悬挂器及封隔式液压尾管悬挂器的主要技术参数和性能指标见表4-1-5、表4-1-6。

表 4-1-5 液压尾管悬挂器主要技术参数

规格型号	额定负荷/kN	作用方式	倒扣方式	中心管密封方式	耐温性能/℃	耐压性能/MPa	卡瓦排数及片数		回接筒内径/mm
							排	片数	
XG 273 × 178	3000	液压式	加压倒扣，不需严格找中和点	圈组合密封	200	50	2	8	202

表 4-1-6 封隔式尾管悬挂器主要尺寸和主要性能参数

序号	参数名称	技术参数
1	规格型号	XG 273 × 178
2	上层套管公称直径/mm	Φ273
3	尾管公称尺寸/mm	178
4	最大外径/mm	Φ245
5	最小内径/mm	Φ155
6	额定负荷/kN	1800
7	密封能力/MPa	50
8	液缸剪钉剪切压力/MPa	9~10

续表

序号	参数名称	技术参数
9	球座剪钉剪切压力/MPa	17~19
10	尾管胶塞剪钉剪切压力/MPa	11~12
11	复合胶塞承受回压能力/MPa	25
12	回接筒有效密封长度/m	1.5
13	封隔器坐挂力/kN	300
14	封隔器坐封后密封能力/MPa	50

5）使用方法

（1）管串排列：球座位置应由所设计的水泥塞高度确定，推荐的管串排列为：浮鞋+套管+浮箍+套管+球座+套管组合+尾管悬挂器总成+送入钻具+（旋转）水泥头。

（2）按顺序下入套管及附件，按标准上够扭矩。每下入20根套管至少灌满泥浆一次。连接浮鞋、浮箍后，应接方钻杆开泵或通过其他方式检查浮鞋、浮箍的畅通及防回压情况。

（3）悬挂器下面的两根套管连续加两只扶正器；套管下完后先灌满泥浆再接悬挂器。

（4）接尾管悬挂器（悬挂器吊上钻台时注意防止磕碰）。

（5）称重，并做好记录。锁死转盘，以防止尾管转动。

（6）下送入钻具。

（7）将尾管下至预定深度，首先灌满泥浆，然后再连接方钻杆或顶驱。称重、测量摩阻，并记录。

（8）调整好钻（方）余，小排量开泵循环泥浆，待循环压力稳定时再以正常排量循环。

（9）投球并以小排量泵送。当球到达球座后憋压液缸剪断压力值并稳压，慢慢下放钻具，当总悬重下降到等于送入钻具总重量+游车重量时，即坐挂成功。

（10）继续下压，检查坐挂可靠性。

（11）坐挂成功后，憋通球座，建立正常循环。

（12）正转进行倒扣，累计有效倒扣不少于设计圈数1.5倍。

（13）将钻具提至中和点后再上提一定距离，若悬重等于上部钻具+游车重量，表明倒扣成功。

（14）倒扣成功后将钻具放回并下压一定值，接入水泥头，按固井要求循环后固井。

（15）替泥浆，当钻杆胶塞到达尾管胶塞位置前1.5m^3左右，降低排量，注意泵压表的变化。

（16）当替浆量剩1.5m^3左右时降低排量，碰压。

（17）放回水，检查浮箍、浮鞋密封情况，卸管汇。

（18）起钻，候凝（注意：不宜将钻具留在井内候凝）。

11. 国外膨胀式尾管悬挂器

1）哈里伯顿公司膨胀式尾管悬挂器

哈里伯顿公司的膨胀式尾管悬挂器封隔器系统（Versa Flex）是目前全球应用最多的膨胀式尾管悬挂器，截至目前已经在全球范围内进行了数千井次的现场应用，国内主要集中在中海油渤海油田合资项目中，每年大约30井次。该类型悬挂器送入工具能够悬挂直径从Φ146.05~Φ457.20mm的尾管。

Versa Flex膨胀尾管悬挂器送入工具工作原理为：当完成固井替浆作业后，投入憋压球，向钻具内继续加压到设计值时，送入工具安装的旁通孔被打开，旁通孔打开瞬间，压力传递到送入工具液缸内部，驱动液缸前行，从而推动预置在悬挂器膨胀本体内的膨胀锥运动，使膨胀本体发生塑性变形，同时完成坐挂和坐封，随后释放管内压力，继续下压钻具到一定吨位，将机械弹性楔形块从悬挂器本体内脱开，随后直接上提完成丢手，Versa Flex膨胀尾管悬挂器本体如图4-1-19所示，Versa Flex膨胀尾管悬挂器送入工具如图4-1-20所示。该悬挂器专用送入工具技术已经基本成熟，但是据实际操作者反馈，在日常组装中，由于是单液缸设计，偶尔会发生试压时液缸密封不严的问题，导致需要重新安装，这也为井下施工带来一定的风险。

图4-1-19　Versa Flex膨胀式尾管悬挂器本体

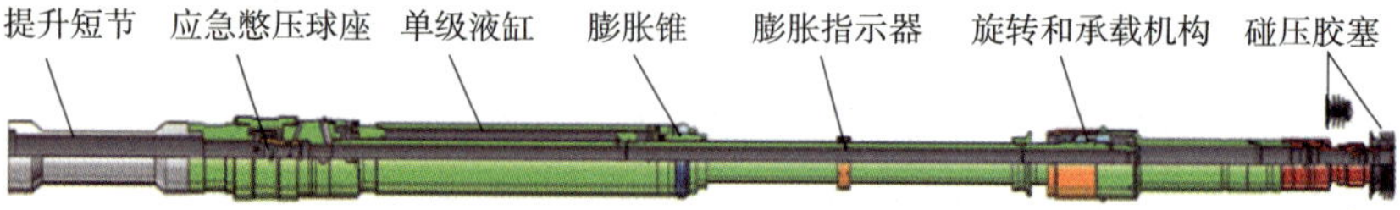

图4-1-20　Versa Flex膨胀式尾管悬挂器送入工具

2）贝克休斯公司膨胀式尾管悬挂器

贝克休斯公司推出的TORXS™膨胀式尾管悬挂器，是目前行业内唯一能在固井前实现坐挂和丢手的膨胀式尾管悬挂器，这种功能设计与常规尾管悬挂器一样，可以避免送入工具和钻具在固井结束后由于各种原因引起的无法起出，从而导致发生“插旗杆”事故，但是目前能够搜索到的应用信息资料较少。

TORXS™膨胀式尾管悬挂器的作业程序为：①下入悬挂器系统和尾管，下钻具中途随时可以循环和旋转；②下到设计井深后，循环泥浆，然后从井口投入球到送入工具上，憋压坐挂尾管悬挂器并释放送入工具；③注入水泥浆，替浆；④碰压后，继续憋压坐封封隔器，使其与上层套管内壁紧密接触达到封隔效果。工具如图4-1-21所示。

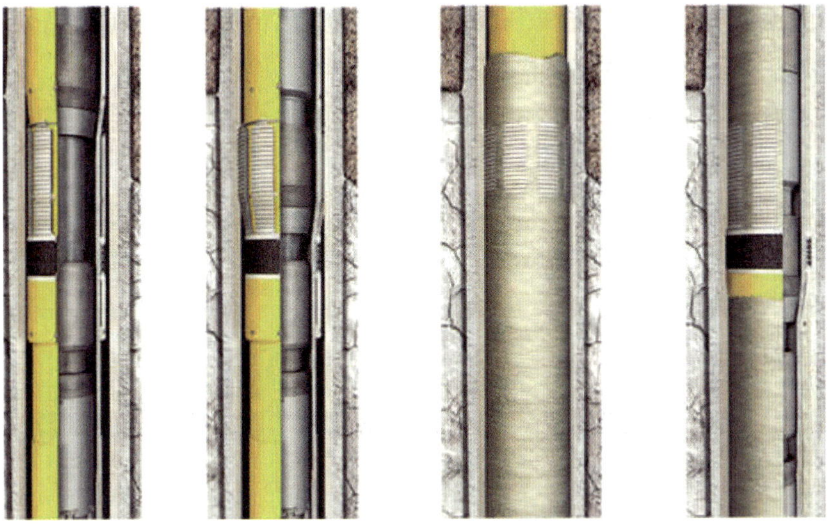

图 4-1-21 TORXS™ 膨胀式尾管悬挂器

3）英国里德公司膨胀式尾管悬挂器

英国里德公司推出的HETS-LH膨胀式尾管悬挂器系统是目前世界上唯一一种可分别使用钻杆、连续油管和电缆进行尾管送入和悬挂器坐挂的新型悬挂器系统，该工具用于套管补贴等非固井作业较多。其作业流程如下：①利用钻具或者连续油管等设备将悬挂器+尾管下到设计井深；②投入憋压球或胶塞，将其泵送至送入工具内部的憋压球座；③然后通过地面设备憋压，当压力达到设计值时，送入工具上安装的上、下封隔器和上、下液控销连套同时启动，销连套支撑上、下封隔器在送入工具和悬挂器本体内部之间形成一个密闭的腔体；④继续憋压，压力会通过送入工具本体上的传压孔进入到该密闭腔体内，在压力的作用下，悬挂器本体发生膨胀变形，最后膨胀变形的悬挂器本体紧贴于上层套管内壁上；⑤继续憋压至剪断承载位置挡块限位剪钉，此时，泄压后上提送入工具，完成与悬挂器本体分离。其工作流程如图4-1-22所示。

图 4-1-22 HETS-LH 膨胀式尾管悬挂器工作流程

4）威德福公司可膨胀尾管悬挂器

2011年威德福推出了TruForm#可膨胀尾管悬挂器，悬挂器本体为一个完整管柱，送入工具包括液压缸、平衡螺帽、膨胀锥、液压丢手等单元。膨胀之前，尾管重量支撑在送入工具的支撑爪上，下送入钻具和固井期间，扭矩爪传递旋转扭矩，可进行旋转。主要工作流程为：先下入钻具+膨胀尾管悬挂器+尾管，循环，注入水泥浆，释放胶塞等，固井碰压后，通过管内加压，多级液缸推动膨胀锥向下运动，完成膨胀本体的胀封同时完成泄压，下放钻具释放尾管悬重，然后上提送入工具即可。该类型送入工具采用了多级液缸结构来确保足够的推力及可靠性，但是丢手方式仅为液压一种，如果发生失效，只能起出管柱。TruForm#可膨胀尾管悬挂器结构如图4-1-23所示，送入工具结构如图4-1-24所示。

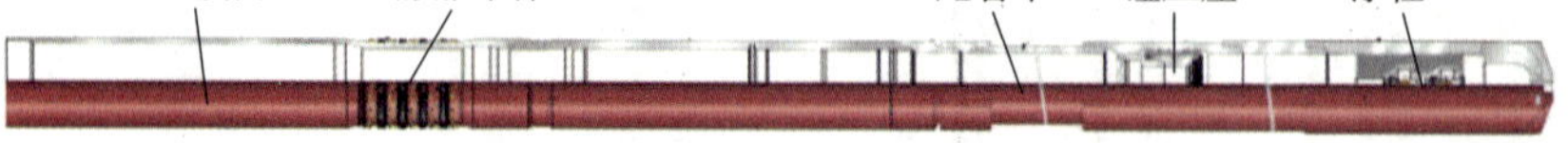

图 4-1-23　威德福 TruForm# 可膨胀尾管悬挂器

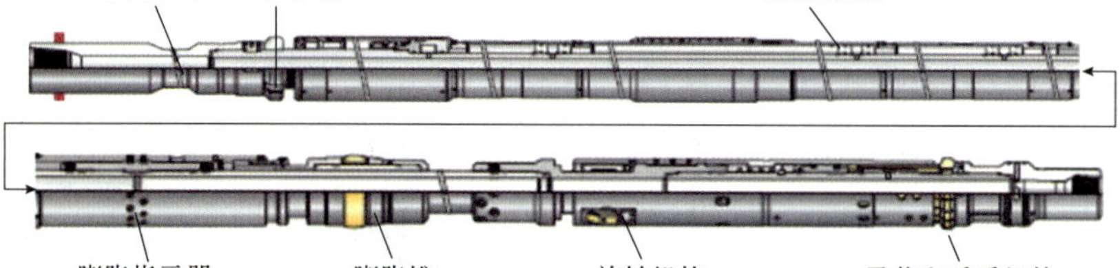

图 4-1-24　威德福 TruForm# 可膨胀尾管悬挂器送入工具

第二节　分级注水泥器

在套管柱的预定位置上安装的一种可实现双级或多级注水泥作业的特殊装置，称为分级注水泥器（分级箍）。分级注水泥器常用类型主要有机械式分级注水泥器、液压式分级注水泥器和免钻式分级注水泥器。本节主要介绍了机械式分级注水泥器、液压式分级注水泥器、免钻式分级注水泥器、封隔式分级箍、自通径液压分级注水泥器。

1. 机械式分级注水泥器

1）结构原理

机械式分级箍主要由本体、打开套、关闭套、承托环、一级塞、重力塞、关闭塞等组成，结构见图4-2-1。其工作原理是：第一级水泥注完后，释放一级胶塞，当一级胶塞碰压后，释放井口压力，并投入重力打开塞，当重力打开塞坐入打开套后，继续憋压，打开套剪切销钉断开，打开套下滑露出循环孔，建立循环，然后可进行第二级注水泥作业。注完第二级水泥后，释放关闭塞顶替泥浆，当关闭塞坐于关闭套支承环后，加压，关闭套剪切销钉剪断，关闭套下行，直至到下接头，关闭循环孔，由于设计具有内卡簧自锁装置，循环孔永久关闭。

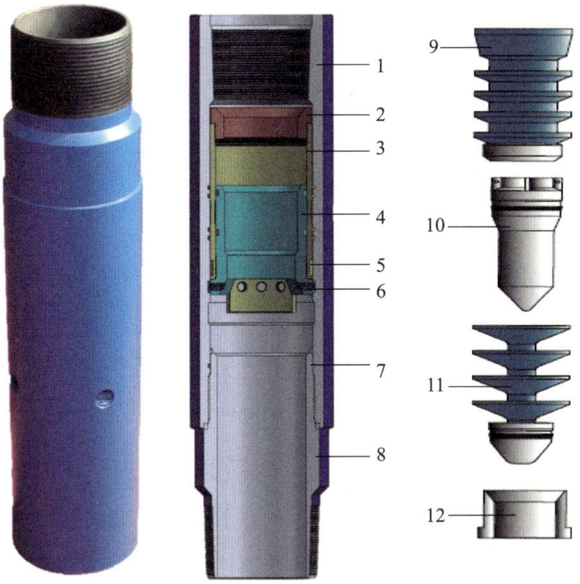

图 4-2-1 机械式分级箍及附件结构图

1—本体；2—关闭套铝座；3—关闭套；4—打开套；5—卡簧；6—剪钉；7—密封圈；8—下公扣接头；9—关闭塞；10—重力塞；11—一级胶塞；12—承托环 1

2）使用说明

（1）入井前检查与准备。

①下套管前，检查分级箍本体及其附件，尤其是本体上下丝扣及附件密封件。

②套管要按标准要求通径。

③根据固井设计排列好套管串结构：浮鞋+套管+浮箍+套管+一级胶塞承托环+套管串+分级箍+套管串+水泥头。

注意：

■ 一级胶塞承托环放在两根套管的接箍中间，不占长度；

■ 分级箍位置应选在地层稳定、井径规则、不易坍塌的井段。

（2）下套管。

①按顺序下入套管及附件，按标准扭矩上紧，附件及分级箍与套管连接时涂丝扣粘结剂。

注意：

■ 适当控制套管下放速度，及时灌浆，每下 20 根套管灌满一次，防止分级箍提前打开。

■ 分级箍本体上下 3~5 根套管应连续安装弹性扶正器。

■ 分级箍使用过程中注意防止磕碰，严禁撬杠穿入本体内部进行搬运。

■ 严禁在本体上打大钳，钳子只能打在接头位置。

②套管下完后，接水泥头以及固井管线，排量由小到大循环，防止憋漏地层。

（3）固井作业。

①一级注水泥作业。

a）按设计要求进行第一级注水泥作业。

b）压入一级胶塞，替泥浆，碰压。

c）停泵，从井口释放压力，投入重力打开塞（下落速度一般为60m/min），将关闭塞装入水泥头内。当预计重力塞坐于分级箍打开套上以后，开泵憋压，打开套销钉断开，打开套下行，循环孔打开。

d）循环。

②二级注水泥作业。

a）按设计要求进行第二级注水泥作业。

b）压入关闭塞，替泥浆，碰压，表压应为最终循环压力+附加压力。关闭压力应≥关闭压力+2MPa，关闭套剪切销钉断开，关闭套下行，关闭循环孔。

c）停泵，从井口释放压力，检验关闭套关闭情况。若回流不断，应再次进行关闭动作。第二次附加压力应大于第一次。

（4）施工结束，拆卸管汇。

3）技术参数

机械式分级箍主要技术参数参见表4-2-1。

表4-2-1 机械式分级箍主要技术参数

型号规格	最大外径/mm	不可钻最小通径/mm	总长/mm	打开压力/MPa	关闭压力/MPa
FJZJ 114	Φ140	Φ97	≤980	6~8	8~10
FJZJ 127	Φ154	Φ109	≤1100	6~8	8~10
FJZJ 140	Φ180	Φ119	≤1100	6~8	8~10
FJZJ 178	Φ210	Φ154	≤1200	6~8	8~10
FJZJ 244	Φ290	Φ220	≤1300	5~6	6~8
FJZJ 273	Φ310	Φ248	≤1300	5~6	6~8
FJZJ 340	Φ390	Φ315	≤1300	5~6	6~8

2. 液压式分级注水泥器

1）结构原理

液压式分级箍主要由本体、打开套、关闭套、关闭套支撑环、承托环、一级胶塞、重力塞、关闭塞等组成，结构见图4-2-2。其工作原理是：第一级水泥注完后，释放一级胶塞，当一级胶塞碰压后，继续憋压升压，打开套剪切销钉断开（若此时剪切销钉未断开，应投放重力塞打压直至其断开），打开套下滑露出循环孔，建立循环，然后可进行第二级注水泥作业。当关闭塞坐于关闭套支承环后，加压，关闭套剪切销钉剪断，关闭套下行，直至到下接头，关闭循环孔，由于设计具有内卡簧自锁装置，循环孔永久关闭。

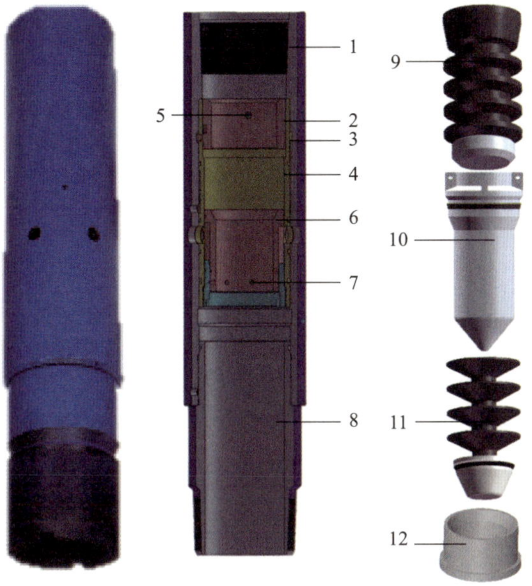

图 4-2-2 液压式分级箍及附件结构图

1—本体；2—关闭套支撑座；3—锁块；4—关闭套；5—关闭套销钉；6—打开套；7—打开套销钉；8—下接头；9—关闭塞；10—重力塞；11——级胶塞；12—承托环

2）使用说明

（1）入井前检查与准备。

①下套管前，仔细检查分级箍本体及其附件，尤其是本体上下丝扣及附件密封件。

②套管要按标准要求通径。

③根据固井设计排列好套管串结构：

浮鞋+套管+浮箍+套管+一级胶塞承托环短节+套管串+分级箍+套管串+水泥头。

（2）下套管。

①按顺序下入套管及附件，按标准扭矩上紧。附件丝扣连接时应涂丝扣粘结剂。

注意：

■ 适当控制套管下放速度，并及时灌浆，每下20根套管灌满一次，防止分级箍提前打开。

■ 分级箍本体上下3~5根套管应连续安装弹性扶正器。

■ 分级箍上井使用过程中注意防止磕碰，严禁撬杠穿入本体内部进行搬运。

■ 严禁在本体上打大钳，钳子只能打在接头位置。

②套管下完后，接水泥头以及固井管线，排量由小到大循环，防止憋漏地层。严格控制开泵泵压和循环压力，确保分级箍内外压差≤12MPa，以防止其提前打开。

（3）固井作业。

①一级注水泥作业。

a）按设计要求进行第一级注水泥作业。

b）压入一级胶塞，替泥浆，碰压。

c）继续憋压，打开套销钉断开，打开套下行，循环孔打开。（注：在直井中，若此时剪切销钉未断开，则从井口释放压力，投放重力打开塞，下落速度一般为60m/min，重力打开塞坐于打开套支承环上，加压，打开套剪切销钉断开，打开套下行，循环孔打开。）

d）循环。装入关闭塞。

②二级注水泥作业。

a）按设计要求进行第二级注水泥作业。

b）压入关闭塞，替泥浆，碰压，表压应为最终循环压力+附加压力。关闭压力应≥关闭压力+2MPa，关闭套剪切销钉断开，关闭套下行，关闭循环孔。

c）停泵，从井口释放压力，检验关闭套关闭情况。若回流不断，应再次进行关闭动作。第二次附加压力应大于第一次。

（4）卸管汇，施工结束。

3）技术参数

液压式分级箍主要技术参数见表4-2-2，分级箍胶塞长度见表4-2-3。

表 4-2-2　液压式分级箍主要技术参数

型号规格	最大外径/mm	不可钻最小通径/mm	总长/mm	打开压力/MPa	关闭压力/MPa
FJZY 114	Φ140	Φ97	≤980	14~23可调	8~10
FJZY 127	Φ154	Φ109	≤1100	14~23可调	8~10
FJZY 140	Φ180	Φ119	≤1100	14~23可调	8~10
FJZY 178	Φ210	Φ154	≤1200	14~23可调	8~10
FJZY 244	Φ290	Φ220	≤1300	14~23可调	6~8
FJZY 273	Φ310	Φ248	≤1300	14~20可调	6~8
FJZY 340	Φ390	Φ315	≤1300	14~20可调	6~8

表 4-2-3　分级箍胶塞长度

mm

型号规格	挠性塞	重力式打开塞	顶替式打开塞	关闭塞
114	≤350	≤350	≤350	≤300
127	≤400	≤350	≤400	≤320

续表

型号规格	挠性塞	重力式打开塞	顶替式打开塞	关闭塞
140	≤450	≤350	≤450	≤340
178	≤450	≤400	≤450	≤360
244	≤550	≤450	≤550	≤380
273	≤650	≤500	≤650	≤380
340	≤750	≤500	≤750	≤400

3. 免钻式分级注水泥器

1）结构原理

免钻分级箍主要由本体、柔性胶塞座、柔性塞、重力塞、关闭塞组成。结构见图4-2-3。

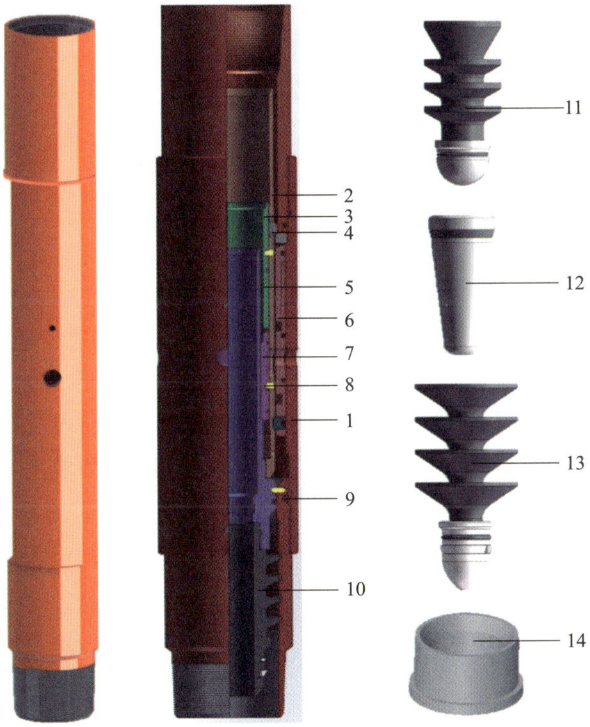

图 4-2-3 免钻式分级箍及附件结构图

1—本体；2—关闭套内套；3—打开套内套；4—挡块；5—一级塞内套；6—关闭套；7—打开套；8—剪钉；9—密封圈；10 一级塞空心塞；11—关闭塞；12—重力塞；13—一级塞；14—碰压座

其工作原理是：双级固井，注完第一级水泥后，释放柔性胶塞，顶替泥浆，当柔性胶塞到达分级箍内部的空心胶塞处碰压，加压剪断销钉，柔性胶塞和空心胶塞一起下行到柔性胶塞座碰压后。释放井口压力，并投入重力塞，当重力塞依靠自由落体座入打开胶塞座后，开泵加压，剪断打开胶塞座上的销钉，打开循环孔建立循环，循环出免钻分级箍以上多余的水泥浆。

注完第二级水泥后，释放关闭塞，顶替泥浆，当关闭塞下落到免钻分级箍的关闭塞座后，井口憋压，剪断关闭胶塞座上的剪钉，关闭套和内部附件一起下行，当关闭套上的挡块到达本体的凹槽内，关闭套关闭循环孔。同时内部附件与关闭套脱开，并在自重的作用下下落到井底，达到其脱离的目的。

2）使用说明

（1）使用前检查与准备。

①仔细检查免钻分级箍本体及其附件，尤其是本体上下丝扣及附件密封性。

②套管要按标准要求通径。

③根据固井设计排列好套管串结构：浮鞋+套管+浮箍+套管+柔性胶塞座+套管+免钻分级箍+套管+水泥头。

注意：

- 分级箍本体以下套管长度应不少于60m；
- 分级箍位置应选在地层稳定、井径规则、不易坍塌的地方。

（2）下套管。

①按顺序下入套管及附件，按标准上够扭矩。

注意：套管附件、分级箍等连接时应涂丝扣锁扣胶。

②适当控制套管下放速度，每下10根套管灌满一次泥浆。

③分级箍上下3~5根套管应连续加入弹性扶正器。

④分级箍吊上钻台时注意防止磕碰。

注意：严禁用撬杠穿入分级箍内部进行搬运或吊装。

⑤分级箍接入时严禁在本体部位打大钳，应打在上接头部位。

⑥分级箍过井口专人负责，避免磕碰。

⑦循环排量由小到大，避免产生过大激动压力。

（3）固井作业。

①一级注水泥作业。

a）将柔性胶塞装在水泥头内。

b）按固井设计要求进行第一级注水泥作业。

c）压柔性胶塞，注入专用压塞液2~4m^3，替泥浆。

注意：准确计算好替浆量，柔性胶塞通过分级箍时，排量控制0.1~0.2m^3/min。

d）坐落；继续加压剪断销钉，柔性胶塞和空心胶塞下行，至柔性胶塞座处碰压。

e）停泵，井口释放压力，投重力塞（下落速度一般为60m/min），将关闭塞装在水泥头内。

f)预计重力塞坐于免钻分级箍打开塞座后，用水泥车开泵憋压，打开分级箍循环孔。

g)排量由小到大循环。

②二级注水泥作业。

a)按固井设计要求进行第二级注水泥作业。

b)压关闭塞，注专用压塞液2~4m^3，替泥浆，碰压。表压应为最终循环压力+附加压力。附加压力应≥免钻分级箍关闭压力。

c)注意：确保分级箍关孔正常。

d)停泵，从井口释放压力，检验关闭套关闭效果。重新开泵，加压关闭压力至25MPa以上，井口泄压，再打压至25MPa两次，每次稳压5min，确保内部附件顺利下落。

(4)卸管汇，固井施工结束。

3)技术参数

免钻式分级箍主要技术参数见表4-2-4。

表 4-2-4 免钻式分级箍主要技术参数

型号规格	最大外径/mm	不可钻最小通径/mm	总长/mm	打开压力/MPa	关闭压力/MPa
FJZM114	Φ140	Φ97	≤980	14~23可调	6~8
FJZM127	Φ154	Φ109	≤1100	14~23可调	6~8
FJZM140	Φ180	Φ119	≤1100	14~23可调	6~8
FJZM 178	Φ210	Φ154	≤1200	14~23可调	6~8

4. 封隔式分级箍

1)结构组成

封隔式分级箍主要由主体、挠性塞、打开塞、关闭塞、碰压座各部分组成，其主体部分主要由分级箍单元、水力扩张封隔器单元和连接阀单元部分组成，结构示意如图4-2-4所示。

分级箍单元借鉴现有机械式分级箍部分成熟结构，如循环孔开启和关闭方式、循环孔防止提前关闭结构等，并在现有机械式分级箍关闭套基础上，将打开塞座改为由剪钉的固定可移动式结构，打开塞座剪断剪钉发生移动后，即露出封隔器注液通道，当关闭套移动关闭分级箍循环孔后，也同时封闭了管内向封隔器注液通道。

注液连接阀结构连接分级箍单元与封隔器单元，为径向阀系，设有开启阀、单向阀和关闭阀三道控制阀，结构如图4-2-4所示。开启阀为压力触发，其打开后才能向封隔器内部进行注液；单向阀保证注液过程中液体流动为单向不回流；关闭阀为压力触发，当封隔器内部充压达到指定压力，停止向封隔器内部注液，保证憋压开启循环孔，也永久密封封隔器内部液体。

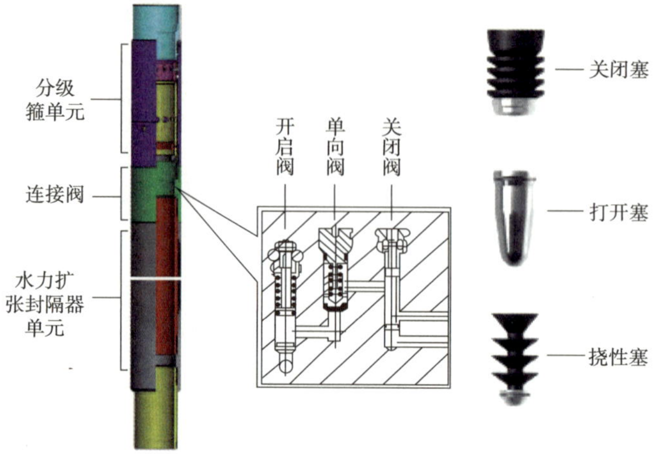

图 4-2-4　封隔式分级箍结构组成示意图

封隔器单元为水力扩张式结构，结构如图4-2-5所示。胶筒部分分为三层结构，由外至内依次为胶筒外壁、金属支撑条和胶筒内囊。金属支撑条两端固定，中间为非连续式结构，当胶筒充胀后具有更好的井眼适应性；胶筒两端固定的结构可防止胶筒入井过程中发生胀封风险。

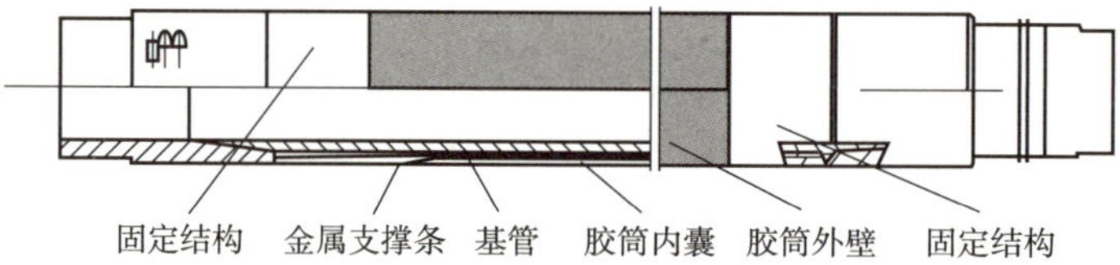

图 4-2-5　封隔器单元示意图

2）工作原理

固井作业时，入井管串从井底到井口排列为：浮鞋+套管+浮箍+碰压座+套管串+封隔式分级箍+套管串。一级固井结束后打开水泥头挡销投入打开塞，打开塞下落到位后，使用固井车向管串内注液打压，当压力达到注液通道开启压力，径向阀系连通，继续憋压至注液通道关闭压力80%，稳压至少10min，使封隔器胀封。继续憋压至注液通道关闭压力，关闭阀启动，压力将不再传至封隔器内，封隔器完成胀封。继续憋压至循环孔开启压力，打开循环孔。封隔器已封隔两级之间环空，不必等至一级水泥浆终凝进行二级施工。转换为钻井液泵循环合适后，直接进行二级固井作业。

封隔式固井分级箍在完成分级固井作业的基础上，增加了一级固井后封隔器胀封的功能，能够有效在进行二级固井时封隔套管与裸眼间的环空，保证液柱压力不传递到一级水泥面上，防止因一级的漏失使二级的水泥面下降，进而提高固井质量。

3）技术参数

Φ193.7mm封隔式固井分级箍技术参数主要为：胀封开启压力为（7±0.5）MPa，胀封关闭压力为（13±0.5）MPa，循环孔打开压力为（20±1）MPa，循环孔关闭压力为（6±0.5）MPa，封隔器环空承压能力为20MPa，整机密封能力为35MPa，额定负荷为2400kN，本体最大外径为230mm，本体内径为168mm，总长为3.51m。

4）性能特点

a）分级箍单元完成分级作业，封隔器单元起到封隔作用。分级箍部分继承了成熟产品主要结构，性能可靠，所用附件与常规机械式分级箍通用；封隔器结构采用水力扩张式，胶筒内部具有金属骨架支撑并且两端为固定式结构，井眼适应性强，下入安全性高。

b）一级固井结束后通过胀封封隔器，隔断漏失地层，减少一级固井候凝期间循环漏失钻井液量，有效节约成本。

c）封隔作用可减少二级固井水泥浆漏失，节约水泥浆材料成本，有效保障分级箍至井口井段固井质量。

d）封隔作用可提高两级固井施工作业之间的连续性，提高作业效率，并且可有效防止固井作业时环空气窜。

5. 自通径液压分级注水泥器

1）结构特点

自通径液压分级注水泥器结构见图4-2-6。主要由上接头、O型密封圈、关闭胶塞（由盖板、胶塞和钢球组成，二级注完水泥后压入井内）、关闭套、胶塞套、球座、密封装置、开孔套、下接头、堵销、开孔剪销、循环孔和关孔剪销等组成。

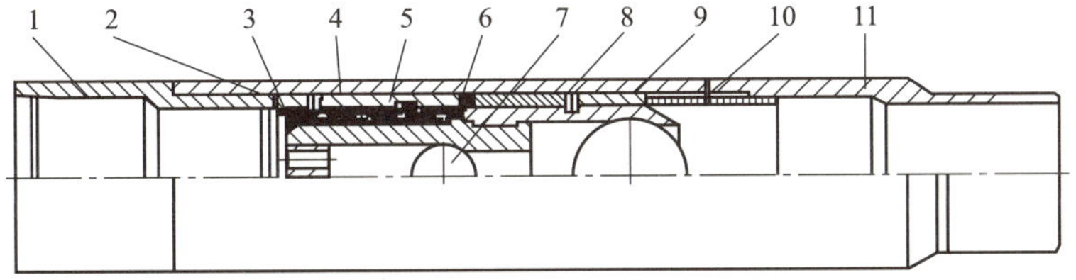

图4-2-6 自通径液压分级注水泥器结构图

1—上接头；2—O型密封圈；3—胶塞盖板；4—胶塞；5—上内套；6—胶塞套；7—铜球；8—球座；9—YX密封圈；10—下内套；11—外套

自通径液压分级注水泥器具有如下特点：

（1）结构简单，外套和内套壁厚较大，增加了注水泥接箍的刚性、强度，以及耐高温、抗内压和外挤的能力；

（2）开孔套设计独特，通过液压产生压力差作用或投球憋压均可使开孔套下移打开循环孔，提高注水泥器循环孔打开的成功率；

(3)开孔套、关闭套和球座上都设计有溢流装置，保证了注水泥器打开、关闭灵活可靠；

(4)密封装置使胶塞座和球座与关闭套和开孔套有较大的间隙，均密封可靠，保证了胶塞座和球座与下部套管内径有足够间隙，确保胶塞座和球座在憋压后能够顺利落至井底；

(5)关闭套内设计有胶塞座，当关闭胶塞到达分级注水泥器时，胶塞被压入胶塞座内，实现二级碰压。碰压后胶塞座、关闭胶塞与球座连为一体，通过液压剪断销钉整体下落，在胶塞体内设计有特殊的流体通道，保证下落顺利；

(6)可以通过调节悬挂销钉的数量和尺寸来调节注水泥的打开压力和关闭压力。

2)工作原理

将这种分级注水泥器作为套管串的组成部分按设计要求下到井内预定位置。在第一级注水泥施工结束后压入一级胶塞，替泥浆碰压。然后继续加压利用下内套上、下截面差(上截面大于下截面)通过液压产生一向下的力，剪断开孔剪销(根据现场需要也可通过投球憋压剪断开孔剪销)，使开孔套下行打开注水泥孔，进行二级注水泥作业。二级注水泥结束后压入关闭胶塞，替泥浆关闭胶塞行至胶塞套内时，憋压剪断关孔剪销，使关闭套下行将二级注水泥孔关闭完成双级注水泥作业。然后继续加压，剪断关闭套与胶塞座之间的固定销钉，球座与开孔套之间的固定销钉胶塞座和球座等物件连为一体下落到井底。待候凝结束后，无须再下钻具钻分级注水泥器。

3)技术参数

自通径液压分级注水泥器主要技术参数见表4-2-5。

表4-2-5　自通径液压分级注水泥器主要技术参数

型号规格/mm	127	139.7	177.8
最大外径/mm	Φ148	Φ165	Φ206
通径/mm	Φ108	Φ118	Φ154
总长/mm	800	880	960
质量/kg	36	48	56
密封压力/MPa	25	25	25
抗拉能力/kN	1200	1850	2300
抗外挤强度/MPa	64.5	54.8	37.2
液压开孔压差/MPa	16~18	16~18	16~18
投球开孔压差/MPa	3~4	3~4	3~4
关闭压差/MPa	5~6	5~6	5~6
关闭塞脱离压差/MPa	8~10	8~10	8~10

第三节　套管外封隔器

套管外封隔器是接在套管柱上，在固井碰压之后能使套管与裸眼环空形成永久性桥堵的装置。该装置能够有效防止固井后发生套管外喷冒油、气、水现象，避免异常地层压力或水泥浆失重情况导致高压油、气、水侵入候凝期间的水泥环。

套管外封隔器有时也可以与分级箍配合使用，用于筛管顶部注水泥固井工艺，用来防止水泥浆下沉、混合而导致筛管被水泥堵塞。套管外封隔器按照结构可分为水力膨胀式、压缩式和遇油遇水自膨胀式。本节主要介绍了水力膨胀式封隔器、压缩式封隔器、双密封胶筒卡瓦式套管外封隔器、水泥填充式套管外封隔器和遇油遇水自膨胀式套管外封隔器。

1. 水力膨胀式封隔器

1）结构组成

水力膨胀套管外封隔器主要由橡胶筒、中心筒、密封环、阀箍、阀系、短节、断开杆等组成，结构见图4-3-1。橡胶筒是由内胶筒和硫化在骨架上的外胶筒组成，是一种具有承受高压的可膨胀的密封元件，外胶筒两端由软金属叠加成加强层，以提高胶筒的承受压力，中心筒为一段短套管，可与套管连接；阀箍由2支断开杆和3个并列串联的控制阀组成，这组控制阀分别是锁紧阀、单流阀和限压阀，在施工中这组控制阀可以准确控制套管外封隔器坐封，不必为封隔器提前坐封和坐封压力过大胀破胶筒而担心。

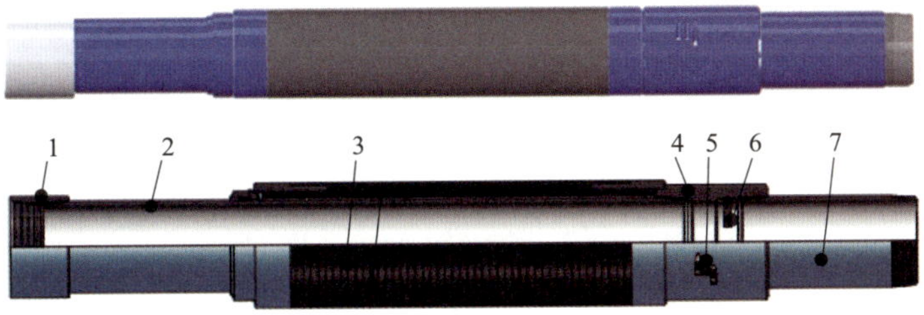

图4-3-1　水力膨胀式套管外封隔器结构图

1—接箍；2—中心管；3—胶筒；4—阀箍；5—阀系；6—断开杆；7—双公短节

2）工作原理

水力膨胀式套管外封隔器是根据帕斯卡流体原理设计的。固井施工过程中，当顶替胶塞通过封隔器阀系接头时，将密封在进液孔上的断开杆碰断，当顶替胶塞运行到阻流板时，套管内形成密封（也可采用投球或盲板等管串工艺结构使套管内形成密封，当采用这种管串工艺结构时，如无胶塞通过，必须事先将断开杆打掉），憋压膨胀介质经阀接头的进液孔进入锁紧阀，当压力达到设定值时，锁紧阀销钉被剪断，锁紧阀打开，同时单向阀也打开，液体经限压阀进入到中心管与胶筒间的膨胀腔内，在压力作用下，封隔器胶筒膨胀变形与井壁紧紧接触形成密封。当内外压差达到预定压力时，限压阀剪切销钉剪断，限压阀关闭，进液孔内的液体不再继续流入到胶筒中。井口放压为零，锁紧阀也自动锁紧，胶筒与井壁之间密封，实现了封隔器的坐封，后期井下作业不会影响封隔器坐封状态。工作原理见图4-3-2。

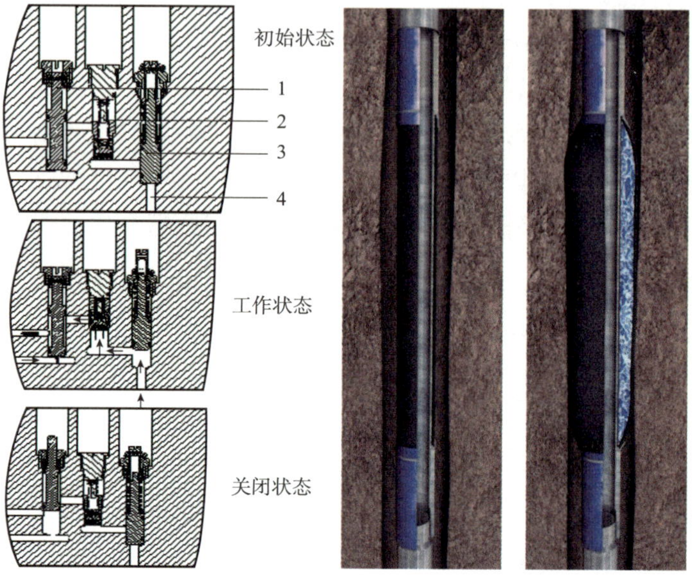

图 4-3-2　水力膨胀式封隔器工作原理图

1—限压阀；2—单向阀；3—锁紧阀；4—进液孔

3）技术参数

水力膨胀式套管外封隔器技术参数见表4-3-1。

表 4-3-1　水力膨胀式套管外封隔器技术参数

规格	公称直径/mm	最大外径/mm	内径/mm	总长度/mm	胶筒长度/mm	工作直径/mm
HXK89	Φ89	Φ114	Φ76	2620~12000	950~11000	Φ121~Φ188
HXK102	Φ102	Φ133	Φ89	2680~12000	950~11000	Φ141~Φ220
HXK114	Φ114	Φ146	Φ97	2660~12000	950~11000	Φ155~Φ241
HXK127	Φ127	Φ148	Φ108	2680~12000	950~11000	Φ157~Φ245
HXK140	Φ140	Φ178	Φ121	3000~12000	950~11000	Φ188~Φ294
HXK140	Φ140	Φ190	Φ121	3000~12000	950~11000	Φ201~Φ314
HXK178	Φ178	Φ205	Φ160	3000~12000	950~11000	Φ216~Φ337
HXK245	Φ245	Φ286	Φ220	3150~12000	950~11000	Φ303~Φ472
HXK273	Φ273	Φ324	Φ253	3200~12000	950~11000	Φ343~Φ535
HXK298	Φ298	Φ349	Φ278	3400~12000	950~11000	Φ365~Φ576
HXK340	Φ340	Φ390	Φ320	3400~12000	950~11000	Φ425~Φ590

4）使用方法

（1）入井前检查与准备。

封隔器搬运时，应轻抬慢放，摆放牢靠，避免撞坏。在现场应置于有垫杠的平坦地面上。下井使用前检查螺纹和胶筒是否完好，管内2支断开杆是否俱在，中心管应无堵塞物。3只控制阀是否齐全上紧，锁紧阀和限压阀是否穿好，应无损伤。校核封隔器铭牌标注压力是否与现场使用压力相符。将两端螺纹洗净，涂抹好螺纹密封脂。封隔器应在地面与套管连接好，在上钻台时不允许碰撞和在地面拖拉。封隔器上扣要求与常规下套管相同，但务必注意有“X→←X”标记区域处严禁使用吊卡和卡瓦，以免咬伤胶筒和3只控制阀。在封隔器两端上下套管柱上应各加3只套管扶正器，以免下套管过程中将封隔器胶筒刮坏。

（2）使用及操作要求。

①根据用途正确选择封隔器坐封位置，对坐封井段的井径情况应搞清楚，封隔器尽量坐封在井径较规则、地层较致密、井斜较小处。

②计算需封隔器承受的井下环空压差值，根据井径与压差关系曲线（图4-3-3）推荐的最大值确定是否能满足需要。

③具体分析计算：

$$P_{表}=P_{销}+P_{s}+P_{附}$$

式中　$P_{表}$——施工最大表压力，MPa；

$P_{销}$——锁紧阀销钉剪断压力，一般以施工最大循环压力为依据；

P_{s}——封隔器坐封位置的静压差，MPa；

$P_{附}$——附加压力，取3~4MPa。

（3）入井。

①封隔器入井前一定要先通好井。

②封隔器上钻台过程中不得碰撞及在地面拖拉。

③必须将两端螺纹清洗干净、涂螺纹密封脂。

④紧扣时注意不要在标记区域内打钳子，也不要卡住最下端紧最上端的扣。

⑤为防止井壁刮坏胶管，封隔器上下的套管上各加扶正器扶正。

⑥入井时控制好下放速度，严禁猛提猛放。

⑦坐封时，准确控制坐封压力，在封隔器没有完全坐封前，不准泄压进行第二次坐封。

⑧做好封隔器使用记录。

（4）坐封封隔器。

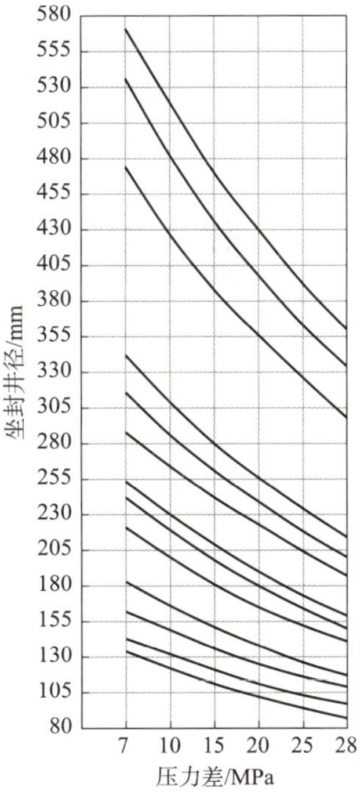

图4-3-3　封隔器坐封井径与压差关系曲线

封隔器坐封时尽量采用水泥车缓慢憋压，压力达到$P_{表}$，锁紧阀销钉剪断，封隔器膨胀坐封，稳压3~5min（如果使用的是长胶筒封隔器要相应增加稳压时间）使封隔器充分膨胀，然后迅速放压至零，各阀关闭，自锁完成坐封。

注意：如果使用泥浆泵碰压，要确保安全销钉剪断压力大于封隔器锁紧阀销钉施工压力，防止由于碰压后安全销剪断后泄压，封隔器锁紧阀打开，导致没有足够时间膨胀胶筒。泄压后锁紧阀永久关闭，无法再次打开进行重复胀封作业。

2. 压缩式封隔器

1）结构原理

TWF-Y型压缩式套管外封隔器主要由实心胶筒、中心管、液缸和锁定装置组成。可直接与套管串连接；密封元件由多个不同形状和硬度的实心胶筒组成；液缸剪销和断开杆可控制液缸的工作压力。结构图见图4-3-4。其工作原理是：注水泥后顶替胶塞通过封隔器中心管时将断开杆打断（如果无胶塞通过应事先将断开杆卸掉），当顶替胶塞碰压或运行到阻流板，在套管内形成密封并憋压时，井内流体经过小孔进入液缸，当压力达到设定值时，液缸销钉被剪断，液体推动液缸上行，压缩胶筒，几个胶筒便爬坡重叠变形与井壁（或外层套管壁）紧密接触形成密封，当达到极限位置时，锁紧装置锁死，放压后不会松脱，形成一段高强度永久密封。

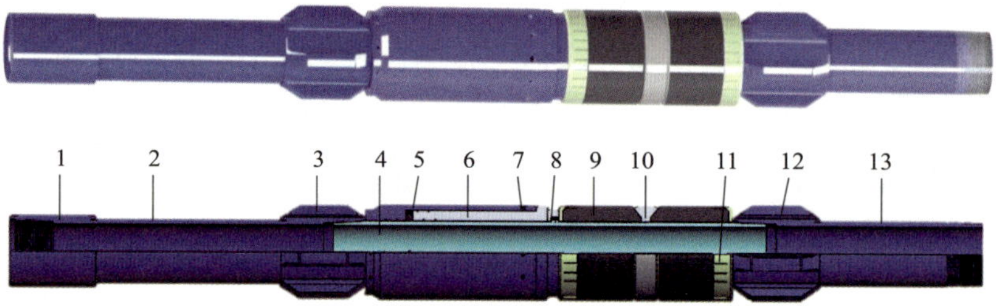

图 4-3-4　压缩式套管外封隔器结构示意图

1—接箍；2—短节；3—扶正器；4—中心管；5—液缸；6—推环；7—剪钉；8—止退环；9—胶筒；10—隔环；11—支撑环；12—扶正器；13—双公短节

2）性能特点

①适用范围广，可用于各种条件的深井、超深井、定向井、水平井及开窗侧钻井。

②丁腈橡胶实心胶筒，可在套管与套管之间或套管与裸眼之间形成可靠封隔段。

③具有良好的耐高温性能、工作温度可高达150~170℃。

④高强度、小直径的实心胶筒，适用于开窗侧钻井、小井眼井及各种复杂固完井作业。

3）技术参数

压缩式套管外封隔器技术参数见表4-3-2。

表 4-3-2 压缩式套管外封隔器主要技术参数

公称直径/in	最大外径/mm	最大封隔直径/mm	坐封压力/MPa	整机密封性能/MPa	耐温/℃
$4\frac{1}{2}$	Φ140	Φ195	7~15	30	170
5	Φ156	Φ219	7~15	30	170
$5\frac{1}{2}$	Φ175	Φ250	7~15	30	170
$5\frac{1}{2}$	Φ190	Φ295	7~15	30	170
7	Φ204	Φ265	7~15	30	170
$9\frac{5}{8}$	Φ286	Φ385	7~15	30	170

4）使用说明

（1）入井前检查与准备。

封隔器搬运时，应轻抬慢放，摆放牢靠，避免撞坏。在现场应置于有垫杠的平坦地面上。下井使用前检查螺纹和胶筒是否完好，管内2支断开杆是否俱在，中心管应无堵塞物。校核封隔器铭牌标注压力是否与现场使用压力相符。将两端螺纹洗净，涂抹好螺纹密封脂。封隔器应在地面与套管连接好，在上钻台时不允许碰撞和在地面拖拉。封隔器上扣要求与常规下套管相同，在封隔器两端上下套管柱上应各加3只套管扶正器，以免下套管过程将封隔器胶筒刮坏。

（2）使用及操作要求。

①根据用途正确选择封隔器坐封位置，对坐封井段的井径情况应搞清楚，封隔器尽量坐封在井径较规则、地层较致密、井斜小处。

②计算需封隔器承受的井下环空压差值，具体分析计算：

$$P_{表}=P_{销}+P_{s}+P_{附}$$

式中 $P_{表}$——施工最大表压力，MPa；

$P_{销}$——锁紧阀销钉剪断压力，一般以施工最大循环压力为依据；

P_{s}——封隔器坐封位置的静压差，MPa；

$P_{附}$——附加压力，取3~4MPa。

③替浆结束后，碰压，继续增压至打开压力，压力达到$P_{表}$，销钉剪断，封隔器膨胀坐封，稳压3~5min，泄压。

3. 双密封胶筒卡瓦式套管外封隔器

1）结构组成

BH/TWF型系列套管外封隔器是采用膨胀双胶筒为密封元件，以锥套，防震卡瓦，双液缸等组合形式的液压胀封式套管外封隔器。主要用于复杂油、气、水井完井工程作业中，以实现各种目的的井下封隔与桥堵，对改善和提高油、气、水井的固井完井质量有显著作用。该工具操作简便、性能可靠、适应性强，是一种重要的固井完井工具。Φ139.7mm的BH/TWF型系列套管外封隔器主要由气密封接箍、金属气密封螺纹、提升短节、上下密封胶筒总成、组合式加强骨架、移动液缸、进液密封杆、中心管、防震卡瓦及下连接短节等部件构成。BH/TWF型系列套管外封隔器见图4-3-5。

图 4-3-5　BH/TWF 型系列套管外封隔器

2）工作原理

在施工过程中，当顶替胶塞通过封隔器，将密封在进液孔上的断开杆碰断，打开进液孔。当顶替胶塞运行到阻流板时，使套管内形成密封并开始憋压，液体经进液孔进入液缸，当压力达到设定值时液缸销钉被剪断，液缸带动卡瓦上行并同步挤压胶筒，使双胶筒膨胀，实现封隔器膨胀与井壁紧密接触形成密封。卡瓦具有止退自锁功能，当井口放压为零时，对封隔器的封隔作用也无影响。

3）性能特点

①适用范围广，可用于各种井下条件的深井、超深井、定向井、水平井及开窗侧钻井。

②高承压橡胶实心胶筒，可在套管与套管之间或套管与裸眼之间形成可靠封隔段。

③具有良好的耐高温性能、工作温度范围0~150℃。

④根据井眼（或套管）直径大小，可选择6个胶筒或加强型多个胶筒设计。

⑤具有与入井管串相同内径。

4）技术参数

双密封胶筒卡瓦式套管外封隔器技术参数见表4-3-3。

表 4-3-3　Φ139.7mm 的 BH/TWF 型系列套管外封隔器技术参数

参数名称	技术参数	备注
公称直径/mm	Φ139.7	
井眼（钻头）尺寸/mm	Φ215.9	
适用环境	微泡+水基泥浆	
工具总长/mm	3000~5000	
本体及胶筒的最大外径/mm	Φ208~Φ210	
本体壁厚/内径/mm	9.17/Φ121.36	
单密封胶筒的实体长度/mm	200~300	
连接螺纹	金属气密封螺纹	上端母扣、下端公扣

续表

参数名称	技术参数	备注
胶筒的坐封压力/MPa	21	
封隔器整体耐压试验	50MPa，稳压5min不压降	
橡胶密封件要求	耐温>140℃，耐油、耐酸碱	
适应井眼直径范围/mm	Φ216~Φ230	
胶筒承受压差/MPa	>50	
刚体材质	110ksi–Cr13	

5）使用方法

a）根据用途正确选择封隔器坐封位置，落实坐封井段的井径情况，封隔器尽量坐封在井径较规则、地层较致密、井斜小处。当坐封位置无法确保在规则井径、井眼扩大率较低的位置时，现场实际操作中应尽量避免压力过高，防止胶筒损坏。

b）封隔器使用在裸眼井段进行层间封隔，并有胶塞通过封隔器时，需使用断开杆。封隔器打开压力销钉剪断压力设计为21MPa。

c）封隔器坐封时尽量采用水泥车缓慢憋压，压力达到设计压力时，液缸销钉剪断，推动卡瓦上行坐挂并挤压双胶筒膨胀，实现封隔器膨胀坐封，稳压5~10min，使封隔器充分膨胀，完成坐封。

d）工具入井时注意事项：所有固井工具在地面及吊上钻台过程中防止磕碰，重要部位重点保护，如发现变形或损伤，立即更换工具。

e）封隔器上扣前，应将两端螺纹清洗干净，螺纹上均匀涂抹螺纹密封脂。上扣时，仔细观察，防止错扣，应先用手工或链钳引扣至带不动为止，后用液压大钳机紧至标准扭矩。上扣过程中如发现错扣应立即停止上扣，将扣卸开，仔细检查公母螺纹是否完好，如完好，重复上述操作，如有损伤应立即更换新工具。参照标准要求，待机紧至标准扭矩后仍有余扣，禁止入井。

f）工具入井后注意事项：固井工具按设计要求连好后入井，应缓慢、匀速、平稳下放，防止工具过封井器时，因磕碰造成变形或损坏。待工具通过封井器后，再用正常速度下放。

g）应参照工具说明书要求，严格执行灌浆作业，确保套管内外无压差，为工具入井后能正常顺利工作提供保障。下钻过程中严禁猛提、猛放、猛刹，进入裸眼段后控制下放速度（1.5~2min/柱）。

h）中途有异常情况及时通知工程师、监督及厂家人员。管串到位前后如需开泵循环，应小排量顶通，顶通压力应小于5MPa，待泥浆槽有泥浆返出时，再根据要求提高循环压力。

4. 水泥填充式套管外封隔器

1）结构组成

水泥填充式套管外封隔器主要由三部分组成，见图4-3-6。

①两端带螺纹的上下接头；

②坐封部分是活塞、液缸、单向阀等，是封隔器填充水泥浆的液力机构；

③膨胀胶筒部分是封隔器的密封部分，充填液体后膨胀，密封环形空间。

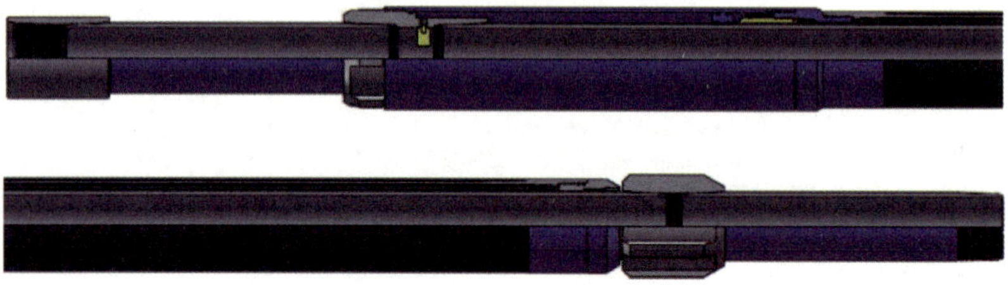

图 4-3-6　水泥填充式套管外封隔器

2）工作原理

注水泥完成后投碰压胶塞，碰压胶塞下行剪断断开杆，继续下行与碰压座碰压；碰压完成后，释放井口压力，活塞上行，液缸通过进液套的进液孔吸入水泥浆，再次加压，压力从断开杆的盲孔进入推动活塞下行，皮碗套的上皮碗关闭进液孔，水泥浆通过下皮碗、胶筒进液孔进入胶筒内，膨胀管外封隔器的胶筒。释放井口压力，重复吸入水泥浆，再次膨胀封隔器的胶筒；如此反复加压、泄压至水泥填充式管外封隔器胀封完成，固井完毕。

3）性能特点

a）施工操作简便，不改变原固井施工工艺。

b）适应范围广、可用于各种不同条件直井、斜井、水平井的层间隔离。

c）变常规的工具密封为长效的实体密封。

d）该项技术用机械密封方式替代了固井的胶结密封，更有效的实现层间隔离。

4）使用方法

根据用途正确选择封隔器坐封位置，封隔器尽量坐封在井径较规则，地层较致密，井斜小处，对坐封井段的井径情况应搞清楚。

水泥填充式管外封隔器使用时的操作程序：

a）按顺序下入套管及附件，按标准扭矩上扣；

b）下入水泥填充式管外封隔器；

c）套管下完后，接水泥头及固井管线，开泵循环排量由小到大循环，防止憋漏地层，同时确保工具封隔器在设计封隔的位置；

d）将碰压胶塞装入水泥头内；

e）连接固井管汇；

f）固井；

g）压胶塞、替浆，碰压；

h）停泵，在井口释放压力；

i）重新打压至管外封隔器胀封设计压力，稳压3min；

j）重复4次打压、放压，完成固井作业。

5）技术参数

水泥填充式套管外封隔器技术参数见表4-3-4。

表4-3-4 水泥填充式套管外封隔器技术参数

规格	公称直径/mm	最大外径/mm	内径/mm	胶筒长度/mm	工作压力/MPa	联接螺纹
TWF140-1	Φ140	Φ190	Φ121	1000~3000	10~15	套管螺纹
TWF140-2	Φ140	Φ208	Φ121	1000~3000	10~15	套管螺纹
TWF178	Φ178	Φ216	Φ159	900~1000	10~15	套管螺纹

5. 遇油遇水自膨胀式套管外封隔器

1）概述

遇油遇水自膨胀封隔器是指以遇油或遇水自膨胀橡胶材料作为胶筒，利用其吸收油或者水后体积发生膨胀的特性进行井下环空封隔的封隔器。根据不同的液体环境可划分为遇油自膨胀封隔器（YZF系列）、遇水自膨胀封隔器（SZF系列）和组合式自膨胀封隔器（ZZF系列）。该类封隔器可根据地层不同的油气含量、井筒条件、作业要求，胶筒在遇油或遇水后自主膨胀封隔地层，可代替普通管外封隔器对裸眼水平井分段封隔，从而进行分层采油，该类封隔器具有较高的耐压特性，可进行水平段分段压裂。该类封隔器具有结构简单，坐封可靠等特点。

2）结构原理

遇油、遇水自膨胀式封隔器主要由基管、封隔器胶筒、封隔器挡环等几部分组成。基管两端加工套管螺纹，用以连接入套管柱；胶筒硫化于基管外部，其两端设置挡环用以轴线限位。自膨胀封隔器结构如图4-3-7所示。其工作原理是：采用遇油或遇水自膨胀橡胶材料作为胶筒设置在基管外部，封隔器在井眼内遇到油水后，利用遇油、遇水自膨胀橡胶吸收油或者水后体积发生膨胀的特性实现封隔效果。

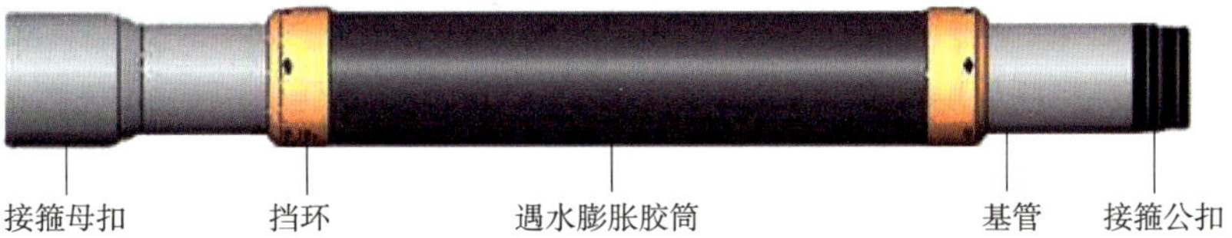

图4-3-7 遇油遇水自膨胀封隔器结构示意图

3）使用说明

（1）封隔器选择。

应根据裸眼井径、套管规格、钻井液与完井液类型、井下温度、曲率半径和地层流体性质等井况资料进行合理选择。

（2）井眼条件。

①封隔器用以裸眼井段时，应对裸眼井段进行不少于两次的通井。

②封隔器用于套管内部时，应使用刮管器对坐封位置进行不少于两次的刮管。

③对于遇水自膨胀封隔器，通井或刮管后，循环并调整钻井液（完井液）性能，使其矿化度满足封隔器安全下入条件。

（3）坐封位置。

①在裸眼井段中，宜选择井径规则、扩大率较小的井段。

②在套管内部，应避开套管接箍位置。

（4）操作规程。

①工具检查。

按照装箱单检查封隔器及其各附件，外观及各部件技术参数满足作业要求，丝扣、密封胶筒、其他各部件应完好。

②施工准备。

a）根据井况及封隔器的规格，参考封隔器膨胀模拟曲线，确定预膨胀时间。

b）进行第一次模拟通井：单螺旋扶正器通井。用原钻头+螺旋扶正器+加重钻杆的组合进行模拟通井，通井至井底后，上提管柱离开井底2m处，用原钻井液循环，直到进出口钻井液性能一致；裸眼段短起一次，至套管鞋处，再次下钻通井到井底，循环泥浆一周，然后起出通井管柱。

c）进行第二次模拟通井：双螺旋扶正器通井。通井管柱使用双螺旋扶正器，通井操作要求与第一次模拟通井相同。

③确定管柱排列方式。

a）水平井分段压裂施工管柱：引鞋+隔离阀+套管+压裂滑套+封隔器组合（自膨胀封隔器+压缩式封隔器+自膨胀封隔器）+压裂滑套+封隔器组合+套管+插管封隔器+送入工具。

b）筛管分段完井管柱：洗井阀+套管+调流控水筛管+套管+封隔器+套管+调流控水筛管+套管+封隔器+套管+球座+套管柱+尾管悬挂器+送入工具。

c）封堵层位管柱：引鞋+套管柱+封隔器+套管+封隔器+套管。

d）封堵套管重叠段管柱：引鞋+套管+套管+球座+套管柱+封隔器+尾管悬挂器+送入工具。

e）尾管固井管柱：浮鞋+套管+浮箍+套管+球座+套管柱+封隔器+尾管悬挂器+送入工具。

f）套管固井管柱：浮鞋+套管+浮箍+套管+套管柱+封隔器+套管柱。

④下管柱。

a）按照设计顺序下入入井管柱，按照标准扭矩上扣。

b）在封隔器上部和下部安装扶正器。

c）建议下入速度为15~20m/min，裸眼水平段管柱下放速度应控制在15m/min以内。

d）中途遇阻，不得转动管柱，可开泵循环或者上提下放活动管柱，如果上提下放后仍无法下入，则提出管柱重新通井。

⑤封隔器胀封。

a）遇油自膨胀封隔器胀封：管柱下到位后，开泵循环洗井一周以上，并顶替轻质柴油至胀封位置，停泵观察并记录管柱内外压力，等待封隔器胀封。封隔器胀封期间，不得活动管柱。

b）遇水自膨胀封隔器胀封：管柱下到位后，开泵循环洗井一周以上，封隔器位置液体矿化度不能满足封隔器胀封要求时，顶替清水或矿化度满足封隔器胀封要求的介质至封隔器位置，停泵观察并记录管柱内外压力，等待封隔器胀封。胀封期间不得活动管柱。

⑥验封。

达到预测胀封时间后，根据封隔器规格型号试压验封。

4）技术参数

遇油自膨胀封隔器基本参数见表4-3-5，遇水自膨胀封隔器基本参数见表4-3-6，封隔器胶筒在不同长度下的工作压差参数见表4-3-7。

表4-3-5　遇油自膨胀封隔器基本参数

型号	基管公称直径/mm	最大胶筒外径/mm	胶筒长度/mm	最大刚体外径/mm	适用最大井径/mm	膨胀时间/d	额定工作温度/℃
YZF-73	Φ73	Φ146	1000 2000 3000 4000 5000 6000	Φ146	Φ160	12	120，150
		Φ110		Φ110	Φ130	12	120，150
YZF-89	Φ89	Φ146		Φ146	Φ160	12	120，150
		Φ110		Φ110	Φ130	12	120，150
YZF-101	Φ101	Φ146		Φ146	Φ160	12	120，150
YZF-114	Φ114	Φ146		Φ146	Φ160	12	120，150
YZF-127	Φ127	Φ207		Φ207	Φ224	20	120，150
YZF-140	Φ140	Φ207		Φ207	Φ224	20	120，150
YZF-178	Φ178	Φ207		Φ207	Φ224	20	120，150

表 4-3-6 遇水自膨胀封隔器基本参数

型号	基管公称直径/mm	最大胶筒外径/mm	胶筒长度/mm	最大刚体外径/mm	适用最大井径/mm	膨胀时间/d	额定工作温度/℃
SZF-73	Φ73	Φ146	1000 2000 3000 4000 5000 6000	Φ146	Φ160	20	120
		Φ110		Φ110	Φ130	20	120
SZF-89	Φ89	Φ146		Φ146	Φ160	20	120
		Φ110		Φ110	Φ130	20	120
SZF-101	Φ101	Φ146		Φ146	Φ160	20	120
SZF-114	Φ114	Φ146		Φ146	Φ160	20	120
SZF-127	Φ127	Φ207		Φ207	Φ224	12	120
SZF-140	Φ140	Φ207		Φ207	Φ224	12	120
SZF-178	Φ178	Φ207		Φ207	Φ224	12	120

表 4-3-7 封隔器胶筒在不同长度下的工作压差参数

型号	封隔器胶筒长度/mm，工作压差/MPa					
	1000	2000	3000	4000	5000	6000
SZF-73	10	15	20	30	40	50
SZF-89	10	15	20	30	40	50
SZF-101	10	15	20	30	40	50
SZF-114	10	15	20	30	40	50
SZF-127	10	15	20	30	40	50
SZF-140	10	15	20	30	40	50
SZF-178	10	15	20	30	40	50

6. 哈里伯顿公司 ObexTM IsoLockTM 封隔器短节

1）概述

可靠和有效的环空封隔对于井的安全和性能管理至关重要。当持续套管压力（SCP）发生时，表明油井完整性受到损害，通常是由于屏障失效造成的。SCP可能导致生产损失和成本高昂的补救措施。大多数使用封隔工具的井都依赖于多级固井中的充气式封隔器。充气式封隔器设计用于仅支撑第二阶段固井压力或来自下方的短期超压，通常不能提供可靠的屏障支撑，并且可能产生一些压力渗透。这种压力会干扰水泥凝结过程并导致井筒的完整性损失，从而影响井筒隔离、排放和井的生产。

为了使封隔器满足层间封隔要求，哈里伯顿公司研发了Obex IsoLock封隔器短节，根据行业标准规范进行设计验证，气体密封达到了最强的V0级，液体密封等级达到了最强的V3级。

Obex IsoLock封隔器短节（图4-3-8），是哈里伯顿ObexTM压缩永久封隔器家族的一部分，它提供了一种机械屏障，通过将封隔器和分级箍集成到一个组件中，使在多级固井完成后，Obex IsoLock封隔器短节可确保井筒的完整性。基于气密ObexTM GasLockTM V0额定封隔器设计，Obex IsoLock封隔器短节提供ISO 14310 V3额定承压能力，并比充气封隔器提高了可靠性。

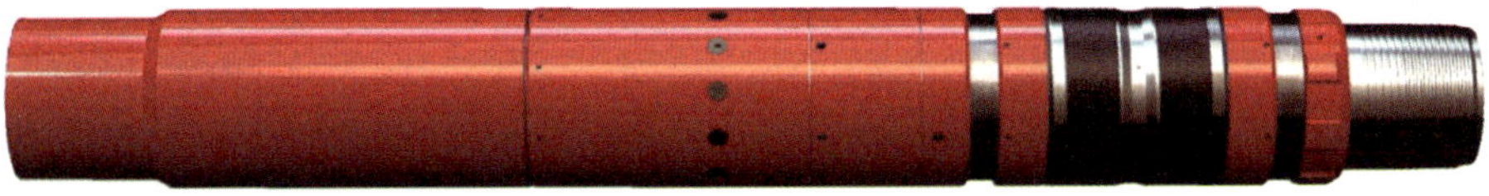

图 4-3-8 ObexTM IsoLockTM 封隔器短节外观图

2）技术特点

（1）卓越的密封性。

Obex IsoLock隔器短节专为套管对套管应用而设计，可提供V3级隔离保证，同时通过集成内部套筒级固井机支持多级固井。

Obex IsoLock封隔器短节通过使用坐塞和施加的内部套管压力设置封隔器元件来操作。内部连续棘轮机构使封隔器从封隔开始一直压缩到完全封隔，此时套筒将暴露出第二阶段的注水泥口。这个系统消除了对爆破片的需求，从而进一步提高了操作可靠性。

（2）卓越的可靠性。

■ 成熟的技术

结合哈里伯顿多年的固井经验直接重新利用经过现场验证的Obex GasLock气密封隔器的元件设计，使Obex IsoLock封隔器套环能够作为机械屏障提供卓越的可靠性。

■ 专为性能而设计

Obex IsoLock封隔器套环设计采用驱动销设置系统，可消除设置操作中的潜在泄漏路径。这一特性消除了破裂盘过早失效的风险，破裂盘通常受到井内损失的影响，而井内损失通常会阻止封隔器完全坐封。此外，Obex IsoLock封隔器套环具有六个专用水泥口，可改善360° 水泥流量，使环空中的水泥分布更加均匀，从而提供可靠的水泥屏障。

■ 水力机械设置方法

与Obex家族的所有封隔器一样，Obex IsoLock封隔器套环是机械设置的，没有充气。设置过程不依赖于可以打包操作的狭窄通道。在压缩元件被设置之后，使用内部棘轮机构来锁定压缩元件导致封隔中的零弱点。

■ 使用位移塞或自由下落塞操作

此封隔器套环可以使用位移塞或自由落体塞操作，允许使用于大斜度或水平井段。

（3）提高了可钻性。

集成分级箍与套管外封隔器于一体，一个用于设置封隔器并露出循环孔，另一个用于移动并锁定级工具关闭。与传统的分级固井工具设计相比，这种紧凑的设计减少了70%的内部组件，简化了钻孔操作和减少了碎屑体积。

（4）机械屏障支撑。

哈里伯顿ObexTM系列压缩永久封隔器提供了一系列可靠的机械屏障支撑。Obex IsoLock封隔器短节的等级为ISO 14310 V3，通过将封隔器和分级箍集成在一个工具中，作为缓解流体运移的有效屏障，同时支持多级固井，可有效保障井筒的完整性。

第四节　漂浮接箍

1. 概述

套管漂浮接箍主要应用于水平井和大位移井中，下套管时，将漂浮接箍连接在套管柱上，在套管内构成临时屏障，漂浮接箍以下的套管柱内充满空气，而漂浮接箍以上的套管柱内充满钻井液。这样就增加了漂浮接箍以下部分套管柱的浮力，实现下部套管串在下管套过程中处于漂浮状态，降低了下套管时的阻力，并且由于漂浮接箍以上部分的套管柱内充满了钻井液，从而增加了把套管柱推入井眼内的压力，实现套管顺利下入。漂浮接箍按其结构类型可分为盲板式、滑套式、全通径式和免钻式。

2. 盲板式漂浮接箍

1）结构原理

盲板式漂浮接箍主要由本体和盲板组成，此外还有与之配套使用的专用浮箍、浮鞋，以及与之配套使用的固井胶塞。其工作原理是：漂浮接箍的内部安装玻璃盲板，安装于套管柱指定位置，其下部水平段套管内充满空气或低密度液体，由此可在井内钻井液浮力作用下减小井壁对套管柱的摩擦力。套管柱下入到位后，井口憋压，使玻璃盲板破碎，建立循环；投放下胶塞，下胶塞经过漂浮接箍时刮拭残留的玻璃颗粒，下胶塞坐于下面的浮箍的凡尔座上，继续加压，打开下胶塞建立正常循环；注水泥浆，注完水泥后，投放上胶塞进行替浆，下行到下胶塞碰压完成固井作业。盲板式漂浮接箍结构见图4-4-1。

图 4-4-1　哈里伯顿盲板式漂浮接箍

2）技术参数

盲板式套管漂浮接箍（Φ139.7mm）技术参数见表4-4-1。

表 4-4-1　盲板式套管漂浮接箍（Φ139.7mm）技术参数

序号	参数名称	技术指标	序号	参数名称	技术指标
1	额定负荷/t	120	5	连接扣型	LC
2	破裂压力/MPa	25 ± 1	6	上胶塞外径/mm	135
3	最大外径/mm	166	7	上胶塞长度/mm	353
4	内部通径/mm	121.4	8	总长度/mm	620

3）使用说明

a）仔细检查漂浮接箍及其附件，检查漂浮接箍的外观有无磕碰，剪钉是否完全；胶塞的橡胶件是否完好无损；配套的专用浮箍和浮鞋的连接螺纹是否与套管匹配。

b）依次下入专用浮鞋、浮箍，连接套管，套管内不需灌浆，注意控制下放速度。

c）在设计位置连入漂浮接箍，套管灌浆，每下20根套管灌浆一次，注意控制套管的下放速度，特别是在接近设计位置时更要控制套管的下放速度，防止漂浮接箍提前打开。

d）套管到位后，套管内灌满泥浆，井口憋压，打开漂浮接箍，建立循环，循环正常后，投入下胶塞，将漂浮接箍内残留的玻璃颗粒刮拭干净，下胶塞到浮箍后继续加压打破下胶塞的破裂片，建立循环。

e）循环正常后，进行注水泥作业，注完水泥后，投入上胶塞，泵入压塞液，然后用泥浆顶替，直至碰压。完成固井作业。

3. 滑套式漂浮接箍

1）戴维斯漂浮接箍

戴维斯漂浮接箍由外筒、下滑套、上滑套、剪切球、下锁销钉和上锁销钉等部件组成，其结构见图4-4-2。漂浮接箍外筒采用与套管相同的材料，并通过其上下端的丝扣与套管柱相连，安装完毕后用丝扣胶密封。内筒分上下滑套两部分，内筒可由钻头钻掉。上滑套通过上锁销固定在外筒中，滑套底部有4个Φ25.4mm的循环孔。套管下到位后，泥浆泵加压剪断剪切球（地面压力等于剪切压力与环空液柱压力之差）。剪切后，露出循环孔即可循环。下滑套通过下锁销固定在外筒中。注水泥浆时，水泥胶塞下行至漂浮接箍处压住上滑套，泵压升高至剪切压力时剪断下锁销（图4-4-3），剪切压力一般远小于底部胶塞的破裂压力。现场作业中，剪短下锁销时地面压力表几乎无变化，与正常固井作业是相同的。

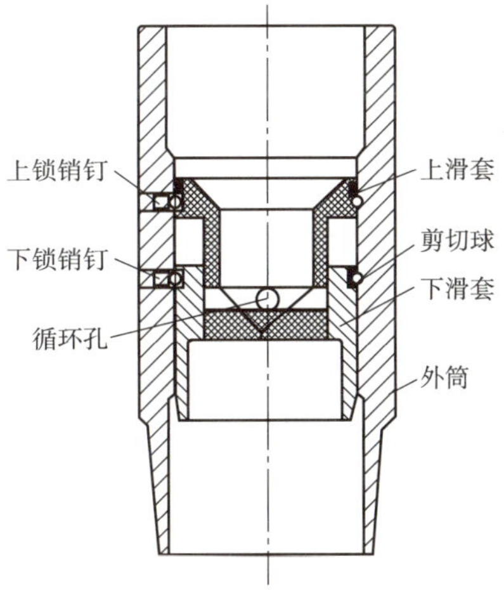

图 4-4-2　戴维斯漂浮接箍结构示意图

该装置作为一个临时堵塞物，配合套管浮箍的单向流作用（替浆过程打开，下套管和注完水泥后关闭），在漂浮接箍之下的套管柱封闭一段空气，称为漂浮套管段。漂浮接箍之上的套管段注入泥浆（通常与井眼环空一致，套管困难时为了增加下行动力会注入加重钻井液），漂浮套管段悬浮于钻井液内，减小管柱与井壁之间的接触压力，接箍以上部分灌满钻井液以加大下行动力。套管下入目标井深后，井口开泵施加压力以剪断滑套的上锁销，露出循环孔即可向套管漂浮段灌入泥浆。泥浆充满后即可开始循环。注水泥浆时先投入水泥胶塞，胶塞运动至漂浮接箍处压住上滑套，泵压升高到剪切压力时剪断下锁销，使内筒同指示胶塞一起下落至套管浮箍处。

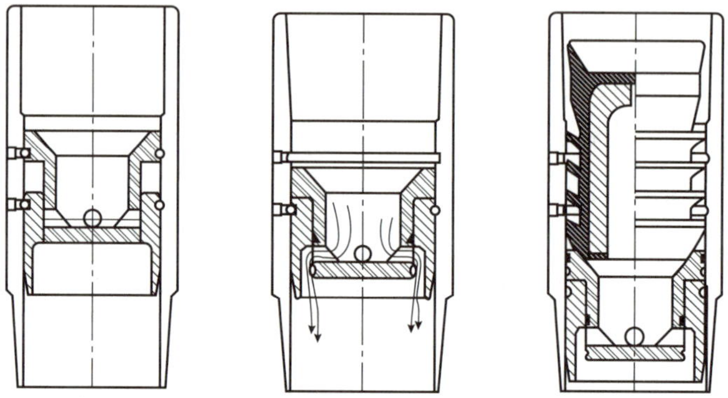

图 4-4-3　戴维斯漂浮接箍工作状态示意图

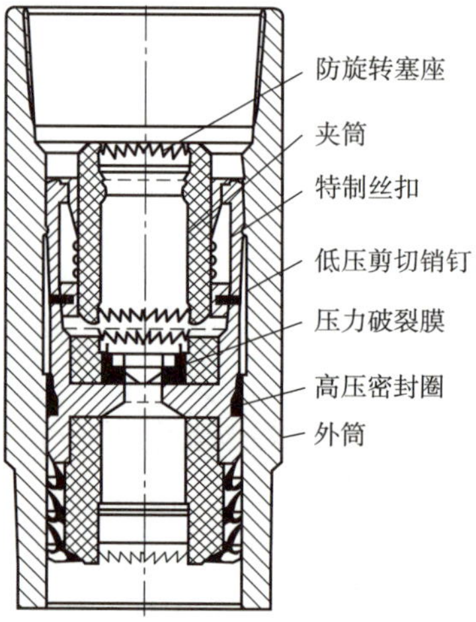

图 4-4-4　哈里伯顿漂浮接箍结构示意图

2）哈利伯顿漂浮接箍

哈里伯顿公司生产的漂浮接箍也由两部构成，其结构比戴维斯生产的漂浮接箍稍微复杂，结构见图4-4-4。外筒通过上下端的套管丝扣与管柱相连，使用与套管相同的材料。夹筒内壁上部有特制丝扣，内部装置通过特制丝扣与外筒相连接。

夹筒为铝制，销钉则由黄铜制成，其他内部组件材料为塑料或橡胶，可通过PDC钻头将内部组件钻掉。

与夹筒相连的塞座上下各有24个防旋转齿，可以防止钻水泥胶塞时发生旋转。通过密封圈将夹筒下部与外筒之间密封。

压力破裂膜用0.406mm厚的制式不锈钢片制作，破裂压力一般为35MPa，最高可达52MPa。套管下入目标井深后，地面加压将压力破裂膜片压碎（地面压力等于膜片破裂压力与环空液柱压力之差），而后开始注水泥浆。底部胶塞接触漂浮接箍的坐塞后还需要0.5~1MPa的压力剪断销钉，而后坐塞下移，夹筒从特制丝扣上脱离，然后继续下行至套管浮箍处。

4. 全通径式漂浮接箍

1）结构原理

全通径式漂浮接箍由套筒和内芯两部分组成。套筒分上套筒、下套筒，中间使用密封圈进行密封，套筒部分的作用是与上下套管连接，属于工具的留井部分。内芯部分由尾部胶塞总成、锁块、锁块座、锁块套、连接套、导引胶塞总成组成，内芯部分负责承载漂浮接箍上部液柱重量，密封液体，隔绝漂浮接箍工具上下空间，防止空气置换，这一部分后期需要被清理至管柱底部。工具内部结构如图4-4-5所示。

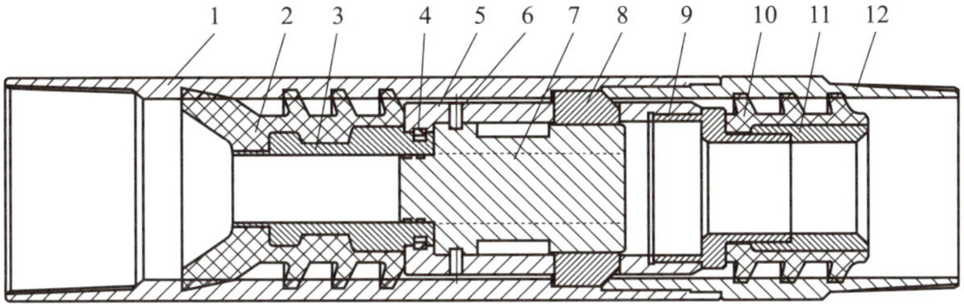

图 4-4-5　全通径漂浮接箍内部结构

1—上套筒；2—尾部胶塞；3—尾部胶塞骨架；4—锁簧；5—锁块套；6—剪钉；7—锁块座；8—锁块；9—连接套；10—引导胶塞；11—引导胶塞骨架；12—下套筒

漂浮接箍工具上部承载液体，下部为空气或轻质介质，因此需要对管内空间进行密封，同时也需要锁定结构防止工具内芯在工具开启前发生位移。全通径漂浮接箍内芯可分为3个模块，密封结构总成模块由尾部胶伞、尾部胶伞骨架组成，其主要功能是隔离管内空间；锁定总成模块由锁块、锁块套、锁块座组成，主要功能是固定漂浮接箍内芯；导引塞总成模块由连接套、导引胶伞、导引胶伞骨架组成，起到扶正内芯，保证内芯安全下行的功能。漂浮接箍入井状态如图4-4-6所示，此时漂浮接箍内芯固定在工具中部，密封总成将钻井液隔离在工具上部，防止钻井液进入漂浮套管段，管柱结构见图4-4-7；当工具下入到位后，井口打压，锁块座受力剪切剪钉，剪钉剪断后锁块座下行，密封总成的循环通道打开，同时锁块座让出锁块的回收空间，锁块回收，内芯实现解锁，漂浮接箍内芯同时实现开启及解锁，解锁后工具内部状态如图4-4-6所示。

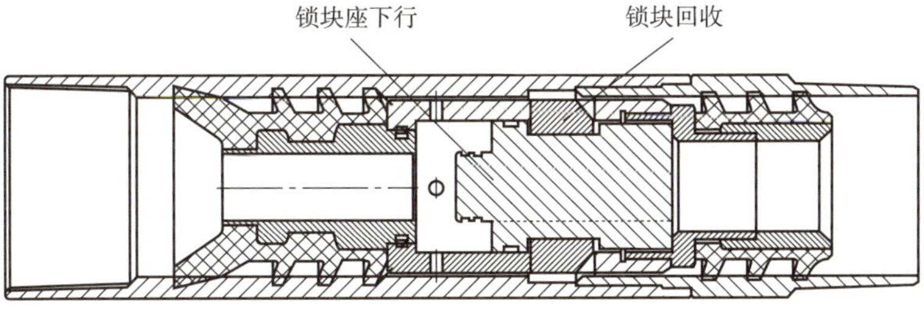

图 4-4-6　漂浮接箍开启后内部状态

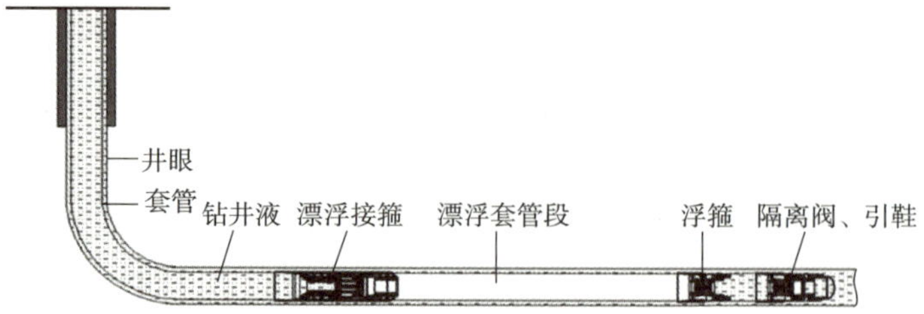

图 4-4-7　漂浮下套管完井管柱结构

2）性能特点

（1）采用尾部胶塞密封工具套筒与内芯之间的缝隙，锁块固定解决密封圈、剪钉结构对工具内径的限制，留井套筒内径与套管内径一致。

（2）内芯解锁后刚性部分外径小，与套管之间空隙大，可用于复合套管串中。

（3）胶伞扶正，与套管的同轴度高，导引胶塞下行时清理管内杂质，防止异物进入内芯与套管间缝隙卡住内芯，具有较高的施工安全性。

3）使用说明

（1）安装浮箍、浮鞋并下入套管串，此时套管内不灌浆或灌入轻质液体。

（2）在设计位置安装漂浮接箍并继续下后续套管，此时正常灌浆。

（3）套管下放到位后，井口打压，开启套管漂浮接箍。

（4）压入空芯清理胶塞，将漂浮接箍内芯推行至浮箍位置，憋压并打开空芯胶塞建立循环。

（5）进行注水泥作业、压塞、替浆、碰压后完成固井作业。

5. 免钻式漂浮接箍

1）结构组成

免钻式漂浮接箍包括套体、下滑套、上滑套、第一阻力件、第二阻力件、皮碗和第一密封圈。见图4-4-8。下滑套设于套体内，与套体之间通过第一阻力件连接。上滑套设于下滑套内，与下滑套之间通过第二阻力件连接，上滑套的上端穿出下滑套；上滑套内部设有通腔，该通腔具有上端的开口和下端的循环孔，下滑套密封该循环孔；其中，受第一作用力，上滑套下移，循环孔连通套体的内腔；受第二作用力，下滑套下移。皮碗的侧壁向上向外衍生，皮碗的下端固定套设于上滑套的上端，皮碗的上端与套体的内表面相接触，第一密封圈容设于皮碗的侧壁与上滑套之间。

其中，第一阻力件包括承压滑块、套体内壁设有与承压滑块相对应的第一凹槽，承压滑块滑动穿过下滑套，承压滑块的一端靠近或接触上滑套，另一端伸入到第一凹槽内，承压滑块伸入到第一凹槽的下端及第一凹槽的下端均具有斜面；上滑套的侧壁上设有第二凹槽，受第二作用力，承压滑块内移伸入第二凹槽内。套体包括通过可拆卸连接在一起的外套和承压短节，第一凹槽设在外套和承压短节的连接处。由此可知，第一凹槽是由外套和承压短节共同形成的，下滑套通过承压滑块和承压短节固定在外套的内壁上，当将二者拆卸分开时，方便将承压滑块装入第一凹槽内。第二阻力件包括剪切销钉，剪切销钉的两端分别伸入上滑套和下滑套，受第一作用力，剪切销钉被剪断。

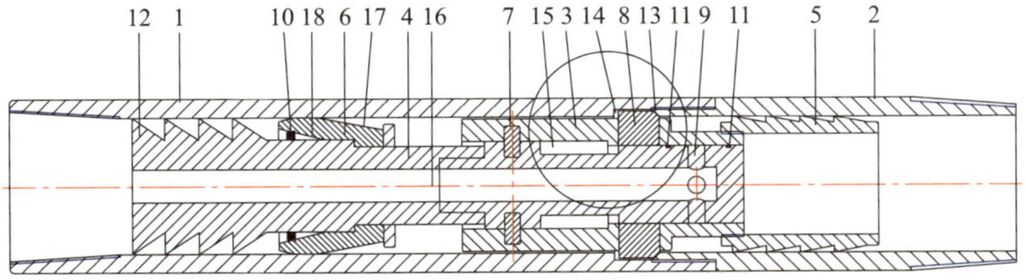

图 4-4-8　免钻式漂浮接箍结构示意图

1—外套；2—承压短节；3—下滑套；4—上滑套；5—扶正胶塞；6—皮碗；7—剪切销钉；8—承压滑块；9—循环孔；10—第一密封圈；11—第二密封圈；12—胶塞；13—斜面；14—第一凹槽；15—第二凹槽；16—通腔；17—皮碗内表面；18—皮碗外表面

另外，外套和承压短节通过螺纹连接共同组成套体。外套上端设有与套管相连接的螺纹，下端设有与承压短节相连接的螺纹；承压短节上端设有与外套相连接的螺纹，下端设有与套管相连接的螺纹。

套体和下滑套之间的阻力件、下滑套和上滑套之间的阻力件可以是第一阻力件和第二阻力件的任意组合。套体内壁设有与承压滑块相对应的第一凹槽，承压滑块滑动穿过下滑套，承压滑块的外端伸入第一凹槽内，内端具有大于等于第一凹槽深度的行程距离，承压滑块伸入第一凹槽的下端及第一凹槽的下端均具有斜面。受第二作用力，承压滑块在所述行程距离的范围内移动。

第一密封圈为O型密封圈。O型密封圈与上滑套和皮碗的接触面积小，摩擦力小，当流体作用于第一密封圈和皮碗时，第一密封圈更容易被迫向下移动，从而使皮碗被撑大的程度更大，增加皮碗外表面与套体内表面之间的接触，从而保证了其密封性。

循环孔的上下两侧均具有第二密封圈，第二密封圈设置于上滑套和下滑套之间。由此可知，上滑套与下滑套之间是通过在上滑套下端的循环孔上、下各设置一第二密封圈来密封的，上、下各设置一第二密封圈，阻止了钻井液的上、下渗漏，确保了密封性能。第二密封圈也可为O型密封圈。

上滑套的上端还设有胶塞，胶塞位于皮碗的上端。当上滑套下移时，胶塞具有刮壁功能。上滑套和胶塞可为胶塞式一体结构。下滑套的下端通过螺纹连接有扶正胶塞。

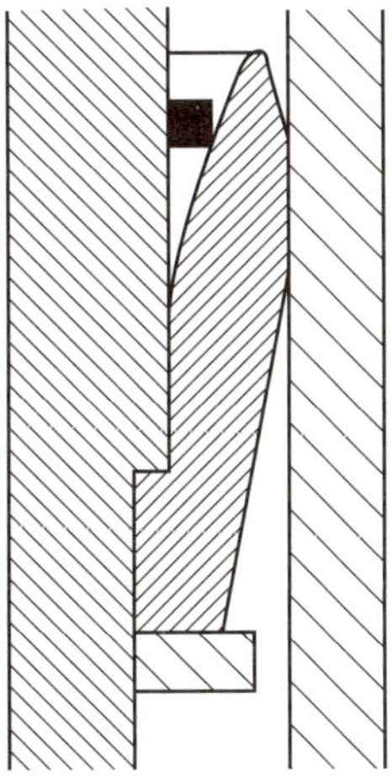

图 4-4-9　皮碗结构剖面图

皮碗结构如图 4-4-9 所示，其侧壁具有内表面和外表面，内表面呈向内凸出的弧形结构。由此可知，向内凸出的内表面使皮碗的侧壁对第一密封圈的夹持作用变小。如果皮碗的侧壁对第一密封圈的夹持作用较大，则当上滑套或漂浮接箍内芯整体下行时，第一密封圈不能向上移动，皮碗的外表面仍然对套体的内表面保持一定的摩擦力，阻碍了其下移。而本结构由于皮碗侧壁对第一密封圈的夹持作用变小，当上滑套或漂浮接箍内芯整体下行时，皮碗侧壁必然受到套体内表面的反作用力及皮碗内壁恢复形变力，在这些力的作用下，第一密封圈比较容易向上移动，从而使皮碗侧壁向内收缩、恢复原状，皮碗侧壁与套体内壁之间的摩擦力变小甚至无摩擦力，从而保证上滑套或漂浮接箍内芯的顺利下行。

2）工作原理

该免钻式漂浮接箍的工作状态主要分为两部分，一是密封状态，二是打开状态。图4-4-8为该漂浮接箍处于密封状态的示意图，图4-4-10为该漂浮接箍处于打开状态的示意图。

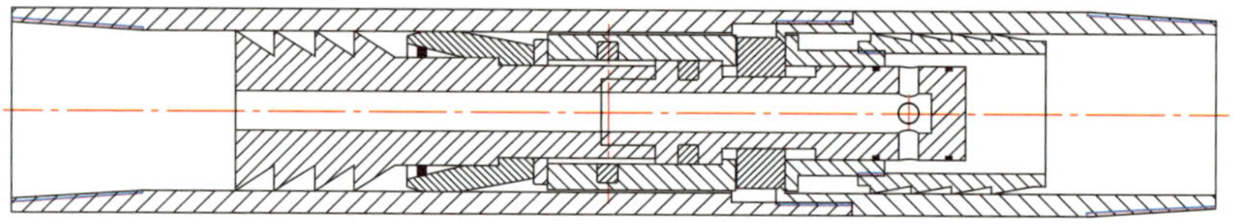

图 4-4-10　免钻式漂浮接箍打开后结构示意图

在漂浮下套管过程中，将所述漂浮接箍安放在设计安装位置，由其可靠的密封性能，使得该工具以下、承托环以上部分为中空，实现水平井段套管的漂浮居中，减少下套管过程中套管与井壁的接触，从而极大地减小下套管时的滑动摩擦阻力，保证套管顺利下到指定深度。其密封性能是通过以下两方面来实现的：（1）外套与上滑套之间是通过皮碗和第一密封圈联合密封的，第一密封圈放置在皮碗内部，可以在上滑套外表面与皮碗的内表面之间预加载，当流体压力作用于第一密封圈和皮碗时，第一密封圈有被迫向下移动的趋势，从而皮碗有被迫撑大的趋势，而这会增加皮碗的外表面与外套内表面之间的接触，从而保证了皮碗的外表面与外套内表面之间的密封；（2）上滑套与下滑套之间是通过在上滑套下端的循环孔上、下各设置一第二密封圈来密封的，上、下各设置一第二密封圈，阻止了钻井液的上、下渗漏，确保了上滑套外表面下端与下滑套内表面之间的密封。

密封状态时，这两方面的密封，充分保证了漂浮接箍以下、承托环以上为中空。此时，由承压滑块承受漂浮接箍上部钻井液的液柱压力，从而剪切销钉的打开压力大于漂浮接箍上部钻井液的静液柱压力，这就保证了密封状态时剪切销钉不会被误剪断，防止了漂浮接箍提前打开。此外，承压滑块的抗压大于剪切销钉的打开压力，充分保证了承压滑块在承受漂浮接箍上部钻井液的液柱压力或者打开压力时，承压滑块不会被破坏。

当漂浮接箍上部的压力达到剪切销钉的打开压力时，剪切销钉剪断，上滑套向下滑移，上滑套下端的循环孔露出，由于承压滑块斜面的设置，在压力作用下承压滑块会滑到上滑套预留的空腔之中，此时漂浮接箍处于打开状态（图4-4-10）。

在固井作业的顶替过程中，整个漂浮接箍可以被顶替到套管柱下部承托环处，不需要下入钻具将漂浮接箍内部部件钻除，这就减少了作业时间和作业成本。

第五节 水泥承留器

1. 概述

水泥承留器是一种用于挤水泥作业的井下工具。使用水泥承留器可简化挤水泥工艺，避免其上部套管承受高压，减少插旗杆风险。

2. 结构原理

水泥承留器由插管、丢手螺套、锁环、上锥体、下锥体、上卡瓦、下卡瓦、中心管、防突环、胶筒、下接头、拉断杆等组成，其结构见图4-5-1。

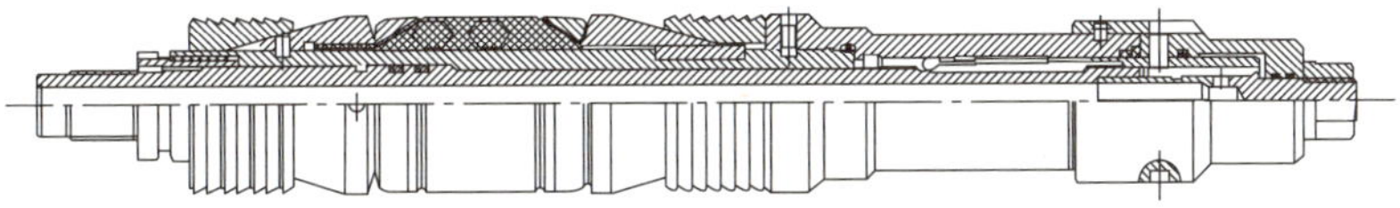

图 4-5-1 水泥承留器

使用时，将水泥承留器与液压坐封工具连接，按常规方法下到要求的坐封深度。坐封时，从油管投入小球，打压坐封，坐封套抵住水泥承留器外部刚体，拉断杆则提拉水泥承留器中心管，这个动作通过上下锥体对密封胶筒施以上压下拉两个力，使上下卡瓦破碎并镶嵌在套管内壁上，胶筒膨胀并密封，完成坐封。同时桥塞中心管上的锁紧装置发挥效能。给拉断杆加一定的拉力，拉断杆被拉断，坐封工具就可以从井中取出。

3. 技术参数

（1）最大外径：Φ114mm。

（2）长度：820mm。

（3）工作温度：120℃。

（4）工作压力：50MPa。

（5）坐封载荷：160~200kN。

4. 性能特点

（1）结构简单，易下，电缆或液压坐封。

（2）能可靠的坐封在任何级别（包括P110）的套管。

（3）棘轮锁环保持坐封负荷，保证压力变化下仍可靠密封。

（4）单胶筒和防突环组成可靠的密封系统。

（5）整体式卡瓦避免中途坐封，且易钻除。

（6）压力平衡阀的开、关由地面控制，更方便、可靠。

第六节　套管封隔鞋

1. 概述

套管封隔鞋是指连接在套管柱的最底端，用以完成套管封隔鞋以上目的层段的封隔注水泥作业的特殊装置。

2. 工具用途

①适用于低压漏失和对水泥敏感地层以上井段的注水泥作业，确保套管封隔鞋以下无水泥浆，有利于提高套管封隔鞋以上封固段的水泥胶结质量。

②若应用于筛管完井，则将套管封隔鞋下部的引鞋部分卸下，然后接上筛管下到预定设计井深，进行套管封隔鞋的作业程序，确保套管封隔鞋以下筛管部位无水泥浆，有利于保护油气层。

3. 结构组成

套管封隔鞋主要由上接头、回压阀总成、中心管、关闭套、打开套、封隔器总成、下接头和引鞋等组成，见图4-6-1。其中封隔器胶筒采用叠钢片进行内部加强。

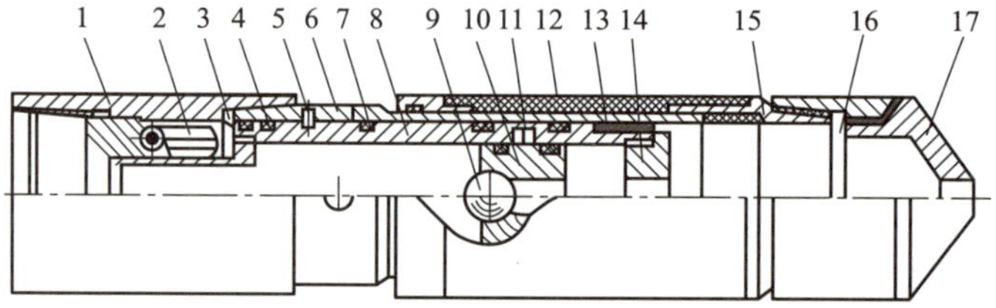

图 4-6-1　套管封隔鞋结构示意图

1—上接头；2—回压阀总成；3—挡圈；4—卡簧；5—剪销Ⅱ；6—注水泥孔；7—O 型圈；8—关闭套；9—铜球；10—打开套及剪销Ⅰ；11—憋胶筒孔；12—封隔器总成；13—中心管；14—孔板；15—下接头；16—套管鞋；17—引鞋

4. 工作原理

下套管前，将套管封隔鞋接在套管的最底端，下到预定设计深度后，进行正常循环，调整好钻井液性能。投入一铜球，憋压3~3.5MPa，剪断打开套销钉后，打开套下行露出进液孔，钻井液通过进液孔进入胶筒与中心管的膨胀腔，使胶筒膨胀封闭了下部裸眼井段。

随着泵压继续升高到7~8MPa时，关闭套销钉剪断，关闭套下行，露出注水泥孔，同时关闭胶筒进液孔，使胶筒永久膨胀处于关闭状态。回压阀则恢复到自由状态，这时可转入注水泥作业阶段。

套管封隔鞋工作原理全过程见图4-6-2。

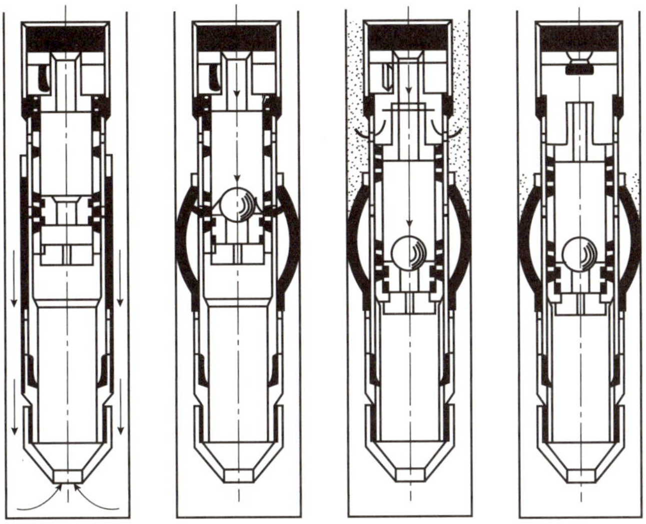

图 4-6-2　套管封隔鞋工作原理示意图

图（a）钻井液通过关闭套下端的自灌孔板向套管内灌浆；
图（b）投入铜球，剪断打开套销钉，露出进液孔，促使胶筒膨胀；
图（c）销钉剪断，关闭套下行，关闭进液孔，胶筒永久膨胀，此时露出注水泥孔，转入注水泥施工状态；
图（d）固井碰压后，回压阀关闭，防止水泥浆倒流。

5. 技术参数

套管封隔鞋技术参数见表4-6-1。

表 4-6-1　套管封隔鞋技术参数

技术指标名称	参数值
最大外径/mm	Φ143
总长度/mm	1481
中心管最小内径/mm	Φ106
打开套打开压力/MPa	3~3.5
关闭套关闭压力/MPa	7~8
胶筒总长/mm	740
胶筒有效长度/mm	400
胶筒外径/mm	Φ142

续表

技术指标名称	参数值
胶筒耐温/℃	150
胶筒启动压力/MPa	0.5
注水泥孔直径/mm	Φ20
回压阀承压能力/MPa	30
中心管材质	N80

第七节　振动固井工具

1. 概述

振动固井是在下套管、注灰、顶替和候凝过程中，采用机械振动、液压或空气脉冲、水力冲击等手段，产生振动波作用于套管、钻井液和固井液来提高固井质量的一项技术。大量室内试验、地面模拟试验和现场试验证明，振动可以提高水泥石强度，提高顶替效率，消除水泥中的气泡，形成完好的水泥环，还可以缩短候凝时间，防止固井后的油、气、水窜，有利于提高一、二界面的胶结强度。振动固井主要依靠振动固井装置来实现，目前的振动固井装置按作用原理可分为机械式、水力脉冲式、磁致伸缩式、压电陶瓷式、声频振动式、环空脉冲式振动器。

水力脉冲式振动器。这种类型的振动器作为套管串一部分随套管下入井内，通过液体的流动产生振动。它所起的作用主要体现在降低钻井液的黏度和提高顶替效率，同时对水泥浆充分混合，也起到一定的消除气泡作用。对固井中清洗、注灰和顶替这些环节具有积极的作用。

机械式振动固井装置。这种振动器有几种形式，一种作用形式是在套管上部安装一偏心机构，靠电来驱动，产生振动，可随时振动，简单方便。另一种振动装置是机械式内管振动，这种振动形式大多是在套管内下入带有振动机构的钻杆或内管，旋转或振动钻杆或内管，带动弹性装置径向冲击套管产生振动，用于改善注水泥作业。

磁致伸缩式振动器。这种振动器的原理是把镍杆放在交变磁场中，则镍杆将周期性伸缩。如果交流电的频率与镍杆机械固有频率相一致，则镍杆在磁致伸缩力的作用下产生特别强烈的固有振动，从杆端射出频率相同的声波，达到振动的目的。

压电陶瓷式振动器。研究发现，晶体在一定的方向、一定的晶体向上受压或受拉时，就出现电荷，这种效应称为压电效应。如果反其道而行之，在电场中放入压电晶体，并使电磁场方向和压电轴的方向相一致，在逆压电效应情况下，压电晶体就沿一定的方向发生强烈的压缩或拉伸。压电晶体材料有石英、闪锌矿石（ZnS）、钛酸钡等。其振动可以在横向和纵向上产生。

声频振动固井装置。这种振动固井装置是利用声波在介质中传播过程对介质造成一定的结构改变和性能调整的原理，把声频作用于套管上部，声频顺着套管传至套管底部，从而使水泥和套管良好地胶结。

地面环空水力或空气脉冲振动固井装置。这种振动固井装置，在地面把压缩空气或压缩液体通过振荡发生器后，直接作用于环空，使环空内液柱也发生振荡，产生弹簧效应，作用于底部的水泥浆，提高固井质量。

本节重点介绍几种常用的振动固井装置。

2. 移动式振动固井装置

1）工作原理

移动是相对于固定的振源而言的，是指振动器在套管中一边上下运动一边振动，并在一定范围内传递振动波。在水泥浆稠化时间内，脉冲波把振动能量通过套管作用到环空的候凝水泥浆中，根据密实原理，破坏介质颗粒间以及分子间的结构，降低水泥浆的静切力和减轻胶凝失重，椴改变水泥浆原有的性能特征和水泥石的微观特性。在水泥浆候凝阶段振动有利于提高水泥浆的均匀度和密实性，在环空形成坚固而完整的水泥环，提高第一、第二界面的胶结强度。

2）装置组成

移动式振动固井装置由井下振动器、地面电控单元和收放系统组成，见图4-7-1。井下振动器将电能转换成频率和振幅可调的振动波；地面电控单元将井场交流电压升高以便长距离传输；收放系统由绞车及电缆、配合接头和滑轮组成，利用其起下井下振动器和控制井下振动器的运动。

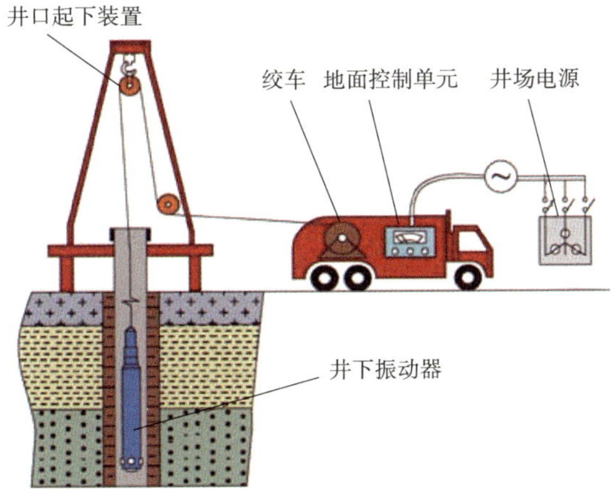

图4-7-1 振动固井装置组成

3）井下振动器

井下振动器由交流电机、偏心机构和振击短节构成，见图4-7-2，上端的过电接头通过马龙头与电缆连接。交流电机通过联轴器带动偏心结构，精简了压力平衡机构，为适应Φ139.7mm套管，将外径缩小至Φ104mm。

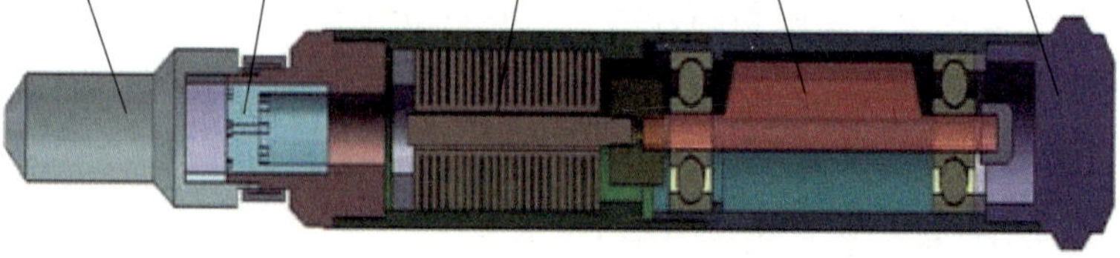

图 4-7-2　井下振动器结构示意图

马龙头由快接鱼雷、拉力棒、打捞头、密封接头和硅脂腔组成。密封接头增加预紧力装置，以保证3芯插接件接触电阻小于0.5Ω，以提升马龙头耐高压（120MPa）和耐高温（175℃）的能力。

振动器运行时偏心块做圆周运动，振动器外壳做平移圆周运动，其运行参数包括加速度、振幅、频率和振激力等，这些参数与偏心块的结构、转速、偏心矩、材质和总质量有关。扇形偏心块能使质量90~100kg的振动器在振动频率50~60Hz时的振幅达到4.5mm。

4）施工工艺

移动振动固井是在水泥浆稠化时间内振动套管，向环空中的水泥浆传递高频振动波。施工工艺如下：

①顶替完水泥浆后，拆掉水泥头，利用绞车、滑轮和电缆将井下振动器下到套管内；

②井下振动器下至目的井段后启动，在水泥浆稠化时间内振动套管，可以进行点振或边移动边振动；

③振动结束，起出井下振动器，继续候凝。

3. 涡轮振动固井工具

涡轮振动固井工具属于机械式振动固井装置，可在循环、注灰和替浆过程中有效清洁井眼、提高顶替效率和增强水泥环胶结强度，改善水泥环胶结质量，提高其抗冲击能力。

1）结构原理

涡轮振动固井工具由旋流模块与分流模块组成，见图4-7-3。该工具与套管直接相连，置于套管鞋上方，随套管柱下入井内。注水泥前循环钻井液，流体通过承托盘斜孔，作用于芯轴上的叶栅，使叶片带着偏心转子旋转，从而产生周期性的径向振动。在振动波的作用下，套管柱和钻井液产生振动，振动波冲刷套管柱和井壁上的泥饼、降低钻井液黏度，使钻井液易于流动从而提高顶替效率，利于水泥环与套管柱和井壁胶结，为提高固井胶结质量奠定基础。在振动固井工具的作用下，可使钻井液的黏度下降20%~30%，有效促进顶替效率提高。注水泥施工作业开始时，振动波沿套管柱传播并向环空四周的水泥浆扩散，带动水泥颗粒产生振动，振动后水泥浆滤失量减少，凝固时间缩短，并有助于提高水泥石强度，以及水泥石与套管和井壁的胶结强度，降低水泥石渗透能力，改善固井质量。

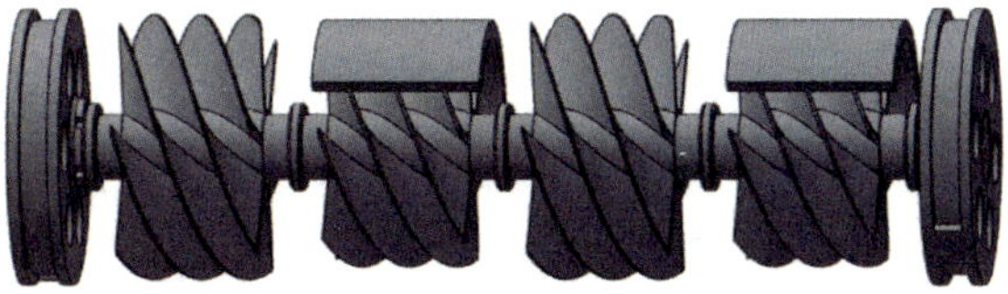

(a)旋流模块

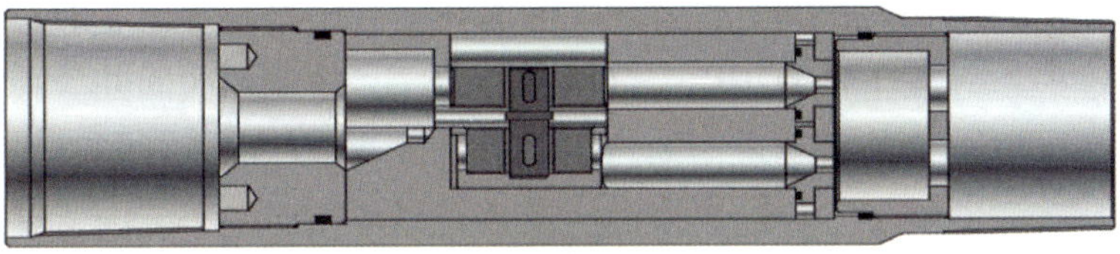

(b)分流模块

图 4-7-3 涡轮振动固井工具结构示意图

2)技术参数

涡轮振动固井工具技术参数见表4-7-1。

表 4-7-1 涡轮振动固井工具技术参数

序号	指标	5 ½″	7″
1	本体最大外径/mm	Φ154	Φ195
2	内通径/mm	Φ123	Φ157
3	连接螺纹	LTC/BTC	LTC/BTC
4	工作排量/(m^3/min)	0.5~1.2	0.5~1.2
5	工作压力/MPa	0.2~2	0.2~2
6	输出频率/Hz	10~45	10~45
7	抗外压强度/MPa	70	70
8	抗内压强度/MPa	50	50
9	水眼尺寸/mm	Φ50	Φ156

4. 随行振动固井胶塞

随行振动固井技术是指振动器在井下的套管内一边振动，一边向下运动，并且将振动波在一定范围内传递。随行振动固井技术，改变了传统的在井口或井底放置振动源的

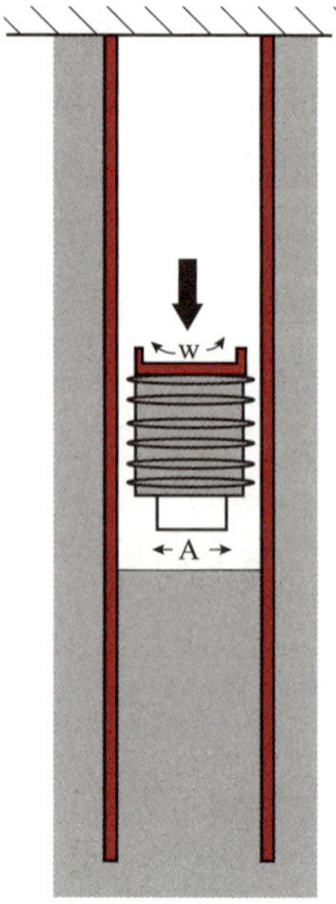

图 4-7-4　随行振动固井作业示意图

方法，通过激振器在全井段中的运动，来实现套管的阻尼共振效应，图4-7-4所示为随行振动固井作业示意图。随行振动固井技术对提高第一、二界面的胶结质量，提高水泥石强度，改善流体的流态和流变性，降低窜槽发生率，提高顶替效率，提高固井质量，有着重要意义。

现有的随行振动固井技术是将胶塞作为激振源，在胶塞内部放置电机、转子、电源和控制板，随着胶塞在顶替液的压力下不断下行，伴随着持续振动，引发套管柱共振，利用共振原理实现提高固井质量的目的。

1）结构原理

随行振动固井胶塞的核心即为将胶塞内部空间进行补偿化，加入振动组件，使之能够在达到固井胶塞原本的功能后提供振动发生器的作用，可以节省工序，避免二次固井。其核心振动组件即为偏心块振动转子、电机以及调压电源，偏心块的设计与优化决定了振动胶塞的振动效应以及使用场合，为了满足设计成本以及使用场合要求，设计一款轻量化且稳定的转子结构，设计的转子与2D10-12A-30S微型直流电机相配合，与地面方向垂直布置，材料选择耐磨性较高且易于铸造的球墨铸铁QT450-10，转子的偏心设计需要使电机在工作状态满足一定幅度的振动要求且不能与电机轴发生相对滑动。偏心转子与电机在固井胶塞中的位置与装配定位如图4-7-5所示。其后端加入调压电源通过调节电源电压来控制电机转速，以达到工作要求的频率以及振动状态。

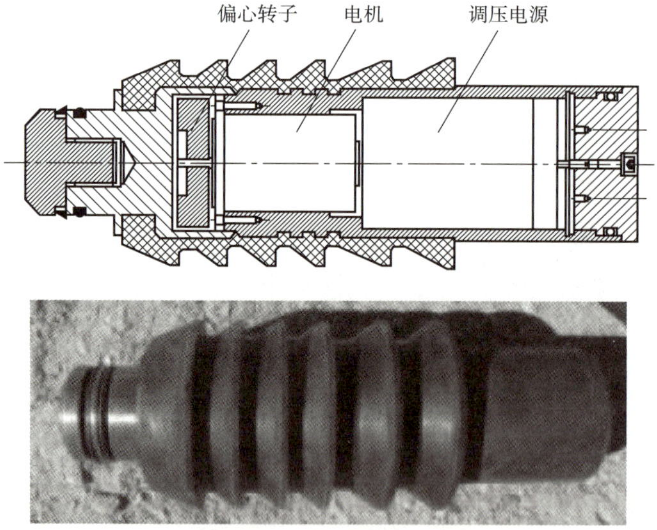

图 4-7-5　随行振动固井胶塞结构图

随行振动固井胶塞的原理就是固井胶塞与振动发声器功能的结合，既能达到全套管柱振动的目的，也能实现固井胶塞隔离水泥浆和钻井液的功能。可以达到缩短工作时间、避免二次固井、提高固井效率的优点。随行振动固井胶塞的关键部件是偏心块振动转子，偏心转子在高速旋转的作用下产生的离心力作用于胶塞上，使得胶塞产生一定频率的振动。当胶塞的振动频率与套管的固有频率达到一致时，就会产生共振达到最佳振动特性。

2）功能特点

随行振动固井胶塞在固井过程中，可实现全固井段的随行振动激励套管，促进环空层流的界面冲击流动性，改善井壁胶结，激励环空流体波动，封固环空界面，提高环空水泥石强度和地层的层间封隔性；通过软件更新可以人工智能分段控制启停设备，避免全过程振动带来关键层位扰动。

（1）可实现分段控制振动；控制振动时间精准秒制计算法，控制更加准确；通过软件更新可将时间设置精确到秒，使得振动距离及振动位置更为精确；

（2）去除原有底部凸起，消除原凸起位置带来的盲肠段死点位置，实现水泥浆完全顶替，增加了振动面积，提高套管耦合共振响应，流体波动混浆均匀，水化反应充分，初凝加快；

（3）金属外壳通过定位凸起与橡胶塞套配合，保持相互之间位置稳定，且定位凸起的上表面为倾斜设置，方便安装。

5. 翻板式水力震荡套管鞋

1）结构原理

翻板式水力震荡套管鞋的结构原理就是在普通套管鞋的外套内螺纹连接一个翻转板式水力振荡器，这种水力振荡器是由带有斜芯的上体、带有助推叶片的翻转板及下体组成，翻转板通过轴承安装在上、下体之间，上、下体之间由四个位置对称的螺栓固定连接。水泥浆通过时可使其连续翻转而周期性地改变该位置的水泥浆过流断面，在套管底部产生周期性的截流动作，从而产生连续的振动。其结构如图4-7-6所示，在普通套管鞋的外套8内，螺纹连接一翻转板式水力振荡器，这种水力振荡器是由带有斜芯7的上体6、带有助推叶片1的翻转板2及下体5组成，翻转板2通过轴承（9，10）安装在上体6和下体5之间，上体6和下体5之间由四个位置对称的螺栓（3，4）固定连接。这种套管鞋工作时，在地面泵的作用下，水泥浆首先通过套管柱流入套管鞋，经斜芯7使液流偏转加速冲击助推叶片1，而使翻转板2绕轴11转动，从而周期性地改变该位置的水泥浆过流断面，进而在套管鞋底部的导向球体12处产生一个连续的振动场。

2）功能特点

这种震荡套管鞋所产生的振动场，可排除或减少固井液中的气泡，使水泥浆充分活化而且密度均匀，有利于在环空形成坚硬完整的水泥环；这种振动场还可破坏水泥浆的凝聚结构，有利于清除套管外壁的泥浆膜和井壁的泥饼，同时可以降低泥浆的黏度，从而提高顶替效率；这种振动场可以缩短水泥浆的初凝和终凝时间，起到早强剂的作用，从而更好地防止水气窜。这种新型套管鞋还具有结构简单、造价低廉、使用方便等特点。现场应用表明，在泵排量2~3.5m^3/h，水泥浆密度为1.4~1.6g/cm^3时，套管鞋导向球体12处产生了频率为40~60Hz、压力振幅为0.02~0.1MPa的振动场，改善了固井效果。

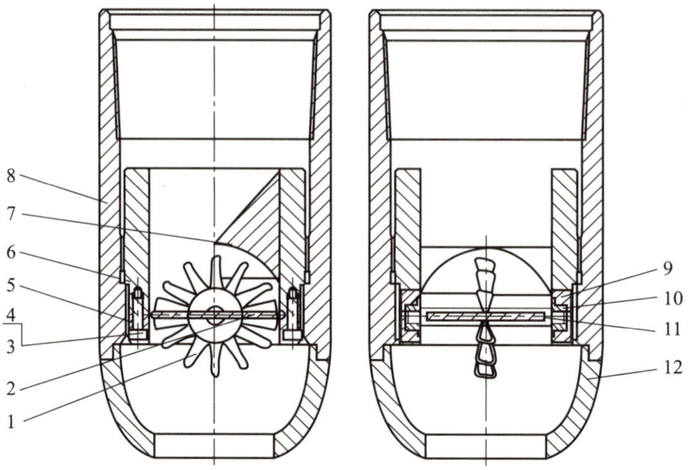

图 4-7-6　翻板式水力震荡套管鞋

6. 井下螺杆马达双向振动固井工具

1）结构组成

井下螺杆马达双向振动固井工具为单头螺杆马达，由马达总成和轴向节流阀组件组成，其结构见图4-7-7。马达总成由转子和定子组成。转子中上部分是一根表面镀有耐磨材料的钢制螺杆，转子下部分为引鞋形状端头，端头内部中空，端头上部与外部导通；定子是一根在内壁硫化有橡胶衬套的钢管，橡胶衬套内孔为一个螺旋曲面的型腔；转子在定子型腔内做平面行星运动，产生离心惯性力，从而造成工具的横向振动。

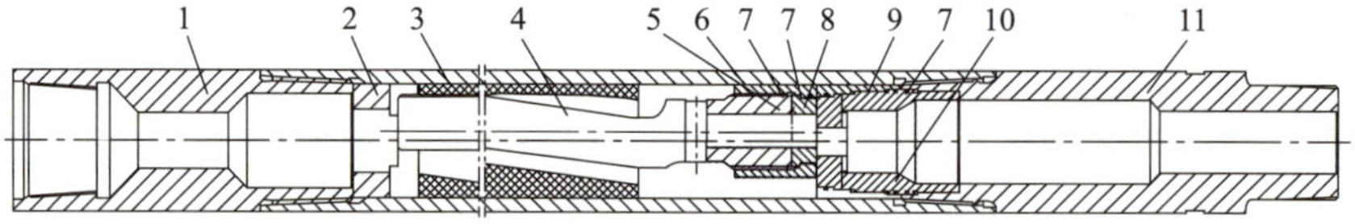

图 4-7-7　井下螺杆马达双向振动固井工具

1—上接头；2—挡板；3—定子；4—转子；5—动阀；6—上护套；7—密封圈；8—静阀；9—下护套；10—支撑短板；11—下接头

轴向节流阀组件由上护套、动阀、静阀、支撑短节和下护套组成。上护套通过螺纹连接固定在转子的下端；动阀固定在上护套和转子之间，动阀外径和上护套内径之间通过密封圈密封，动阀随着转子一起产生平面行星运动；静阀固定在支撑短节和下护套之间，静阀外径和下护套内径之间通过密封圈密封；支撑短板上端与下护套通过螺纹连接在一起，支撑短板下端通过螺纹连接固定在下接头上端。通过动阀的横向往复移动，造成水泥浆流经轴向节流阀组件的横截面积周期变化，进而使得轴向节流阀组件下端流出的水泥浆压力周期性变化，最终造成水泥浆的轴向振动。

2）工作原理

将该装置通过套管接箍与套管相连，在浮鞋上方将其安装放置，在下套管时随套管柱一起下入井内，当从井口泵入高压流体时，螺杆马达的进出口形成不平衡压力，驱动转子以一定的转速相对于马达的定子产生转动，因为马达的转子与定子两者之间有一定的距离的偏心，转子在定子型腔内围绕其轴线进行公转，因而转子在转动过程中会形成离心惯性力，引起螺杆马达径向方向的振动。而在轴向方向上，设计有节流阀，从而在轴向方向形成脉冲，最终实现该装置在轴向与径向的双向振动。在注水泥浆过程中，依靠高压水泥浆驱动产生的横向振动和轴向振动从套管串的底端向上传播，并扩散至环空，在井壁和套管之间的环空形成振动场，使得水泥浆密实度增加，进而提高了界面胶结强度和固井质量。

3）技术参数

（1）振动频率范围：5~15Hz。

（2）脉冲振幅：0.2~0.5MPa。

（3）定子外筒外径：Φ172mm。

（4）定子外筒壁厚：16mm。

（5）偏心距：12.7mm。

（6）过流面积：32.3cm^2。

参考文献

[1] 赵金洲，张桂林 . 钻井工程技术手册 . 北京：中国石化出版社，2005，630–634.

[2] 彭志刚，魏新芳，徐鑫，等 . 水平井及大位移井液压扶正器研制与应用［J］. 石油和化工设备，2012，15（08）：11–13.

[3] 冯利 . 固井套管扶正器应用技术研究［D］. 重庆科技学院，2017.

[4] 彭蒋伟 . 延时套管变径扶正器设计及性能分析［D］. 西安石油大学，2022.

[5] 杭峥 . 固井用旋转导向头结构设计与工作参数优化研究［D］. 长江大学，2022.

[6] 李社坤，周战云，郭子文，等 . 旋振自导式套管引鞋的研制及应用［J］. 石油机械，2018，46（10）：6–11.

[7] 张桂林 . 可复位式预应力固井地锚的研究与应用［J］. 石油钻探技术，2000（03）：36–38.

[8] 牟忠信，张明昌 . 组合式套管预应力地锚工具的研制与应用［J］. 石油机械，2005（02）：44–45.

[9] 张强，陈治，李丁，等 . 新型可钻式预应力固井地锚设计与研究［J］. 石油机械，2015，43(08)：83–86.

[10] 施连海，刘湘基，杨帆，等 . 套管双级地锚在稠油热采井中的应用［J］. 石油机械，2010，38（10）：61–62.

[11] 张世文 . 自动灌浆式浮箍浮鞋的设计［J］. 科技信息，2009（23）：43–44+17.

[12] 黄占盈，段志锋，张燕娜，等 . 水平井套管固井关井工具研制与应用［J］. 石油矿场机械，2015，44（04）：84–86.

[13] 李伟，王涛，李社坤，等 . 页岩气水平井固井碰压关井阀的研制及应用［J］. 断块油气田，2014，21（06）：794–796.

[14] 周战云，李社坤，郭子文，等 . 页岩气水平井固井工具配套技术［J］. 石油机械，2016，44（06）：7–13.

[15] 张金法，马兰荣，吴姬昊，等 . 国内外水泥头现状及发展［J］. 石油矿场机械，2009，38（10）：24–26.

[16] 张金法，尹慧博，戴文潮 . 远程控制旋转水泥头技术现状及分析［J］. 石油机械，2012，40（05）：20–23.

[17] 郑晓志，周保德，张红艳，等 . 远程控制水泥头的研制及性能试验［J］. 石油钻探技术，2017，45（04）：81–86.

[18] 高瀚 . 固井水泥头无线控制研究［D］. 中国石油大学（北京），2018.

[19] 丁柯宇，程智远，汤新国，等 . 新型下套管自动灌浆装置研制与应用［J］. 石油矿场机械，2012，41（11）：59–61.

[20] 于明武，雷万征，乔维鹤，等 . 国外尾管悬挂器技术现状［J］. 机械工程师，2020（10）：23–25.

[21] 张冠林，徐星，赵聪，等 . 国内外高温高压尾管悬挂器技术新进展［J］. 断块油气田，2020，27（01）：113–116+130.

[22] 唐欣，钱斌，李斌，等 . 封隔式免钻尾管悬挂器的研制与应用［J］. 天然气工业，2014，34（05）：118–121.

[23] 张国安 . 膨胀式尾管悬挂器送入工具的研制与应用［D］. 中国石油大学（华东），2021.

[24] 马兰荣，马开华，郭朝辉，等 . 旋转尾管悬挂器的研制与应用［J］. 石油钻探技术，2011，39

（04）：103-106.
［25］张满，李伟青．旋转尾管悬挂器轴承密封圈的有限元分析及结构优化［J］．润滑与密封，2021，46（05）：21-26.
［26］宋林静．液压丢手旋转尾管悬挂器的研制［D］．中国石油大学（北京），2020.
［27］张瑞．压力平衡式尾管悬挂器在西北超深井的应用［J］．石油机械，2022，50（10）：1-7.
［28］吴柳根，滕照正，侯婷，等．国内尾管固井完井技术现状［J］．石油矿场机械，2013，42（10）：52-5.
［29］郭朝辉，马兰荣，朱和明，等．国外可膨胀尾管悬挂器的新进展［J］．石油钻探技术，2008，（05）：66-69.
［30］曹川，任荣权，王宏伟，等．国外膨胀管技术应用新进展［J］．石油机械，2013，41（05）：29-32.
［31］郭朝辉，马兰荣，姚辉前，等．膨胀式尾管悬挂器在国外油田的应用［J］．石油机械，2009，37（09）：162-165.
［32］高元．TORXS 膨胀式尾管悬挂器［J］．石油钻探技术，2012，40（5）：91-92.
［33］高元．TruForm#TM 可膨胀尾管悬挂器［J］．石油钻探技术，2013，41（02）：48-49.
［34］张国安．膨胀式尾管悬挂器送入工具的研制与应用［D］．中国石油大学（华东），2021.
［35］易浩，杨卫星，赫英状，等．新型封隔式固井分级箍的研制与应用［J］．钻采工艺，2022，45（03）：104-108.
［36］袁进平，蔡俊林，宋本岭．自通径液压分级注水泥器［J］．石油机械，2002（01）：14-15+18-2.
［37］杨春雷．封隔器密封系统评价方法研究及应用［D］．西南石油大学，2023.
［38］李国强．固井套管封隔器使用技术探讨［J］．石油和化工设备，2019，22（07）：52-53.
［39］郑金中，杨万有，程心平，等．管内自膨胀封隔器的研制与应用［J］．石油矿场机械，2014，43（08）：82-84.
［40］毕福伟，于九政，刘延青，等．双密封套管保护封隔器的研制与应用［J］．石油机械，2017，45（02）：93-95.
［41］高攀．耐高温高压封隔器的研发［J］．江汉石油职工大学学报，2019，32（06）：54-57.
［42］李林涛，万小勇，黄传艳，等．双向卡瓦可回收高温高压封隔器的研制与应用［J］．石油机械，2019，47（03）：81-86.
［43］张言杰，宋本岭，崔军，等．水泥浆充填管外封隔器技术及其应用［J］．石油钻探技术，2003（02）：27-28.
［44］常鹏梅．水敏式自膨胀管外封隔器及防突结构的研制［J］．石油机械，2016，44（09）：90-93.
［45］张丽娟，赵广民，赵粉霞，等．压缩式裸眼封隔器的研制与应用［J］．石油机械，2012，40（12）：82-85.
［46］宋辉辉，贺启强，何程程．液压式大通径丢手封隔器的研制与应用［J］．钻采工艺，2020，43（01）：84-86+12.
［47］马明新，彭志刚，李硕，等．遇烃膨胀封隔器技术现状及发展趋势［J］．石油机械，2013，41（09）：67-71.
［48］周大志，刘加杰，吴英．自膨胀封隔器的技术现状和发展趋势［J］．机械研究与应用，2018，31（03）：214-216+222.
［49］曾艳春．大位移井漂浮下套管技术研究［D］．东北石油大学，2017.
［50］刘善祯．大位移水平井下套管受力分析及漂浮接箍设计［D］．中国石油大学，2009.

[51] 唐龙.漂浮接箍的设计及其安放位置的优化[D].中国石油大学(华东),2018.

[52] 王磊.水平井漂浮下套管技术研究与应用[J].西部探矿工程,2023,35(04):80-82.

[53] 陈保山,程智远,徐敏,等.新型 Φ139.7mm 漂浮接箍的研制与应用[J].石油机械,2016,44(11):29-32.

[54] 张明昌,张新亮,高剑玮.新型 XPJQ 系列下套管漂浮减阻器的研制与试验[J].石油钻探技术,2014,42(05):114-118.

[55] 王恩合,王学成,魏拓,等.智能振动胶塞在雁 673 井的应用[J].新疆石油天然气,2016,12(04):87-92+97+6.

[56] 曲刚,李亚伟,尹文波,等.移动式振动固井装置的研制与现场试验[J].石油钻探技术,2017,45(05):43-47.

[57] 大庆石油学院.翻转板式水力振荡套管鞋:CN97231840.2[P].1999-09-01.

[58] 尹宜勇,王兆会,任星,等.井下螺杆马达双向振动固井工具的研制[J].石油机械,2017,45(01):10-14.